NOTICE

HISTORIQUE ET DESCRIPTIVE

DE LA

VILLE DE GERBÉVILLER.

dans le texte.

NOTICE

HISTORIQUE ET DESCRIPTIVE

DE LA

VILLE DE GERBÉVILLER,

AVEC UN PLAN DE CETTE LOCALITÉ

ET UN AUTOGRAPHE DE MESSIRE GASTON-JEAN-BAPTISTE DE TORNIELLE.

PAR

M. FERDINAND PIÉROT-OLRY,

Chef d'Institution, ancien Professeur à l'Ecole normale de Nancy et au Pensionnat de la Providence à Flavigny, collaborateur au journal d'instruction l'Echo, membre de l'Académie de l'Enseignement, de la Société d'Archéologie Lorraine, auteur d'un Cours de Sciences physiques à l'usage des classes de Philosophie et des gens du monde, etc.

PARIS,

A LA LIBRAIRIE DE V. DIDRON,

ÉDITEUR DES ANNALES ARCHÉOLOGIQUES,

RUE HAUTEFEUILLE, 13.

MAI 1851.

NANCY, IMPRIMERIE DE VAGNER,
Rue du Manége, 5.

AUX HABITANTS DE GERBÉVILLER

ET A TOUS MES LECTEURS.

En écrivant ce petit ouvrage, j'ai eu essentiellement pour but de vous retracer la condition d'existence de vos aïeux. J'ai voulu dérouler à vos regards la suite des peines et des douleurs, des joies et des espérances qui dans les siècles passés ont accompagné leurs efforts pour se constituer en cité.

Des pages dont chaque mot doit vous remettre en mémoire ceux qui n'aimèrent la vie que pour vous la rendre douce et tranquille, ne peuvent manquer de toucher votre curiosité; vous lirez donc mon livre avec un plaisir égal à la vive satisfaction que j'ai éprouvée moi-même en le composant. C'est là mon espoir et la seule récompense que j'ambitionne pour prix de mes longues et minutieuses recherches.

La notice historique de la ville de Gerbéviller ne sera pas seulement utile à ses habitants; elle intéressera aussi ceux qui étudient, même sur une grande échelle, la marche et le développement des peuples à travers les siècles. Le véritable historien ne doit point, en effet, se borner aux guerres et aux révolutions, qui, par elles-mêmes, ne sont que des manifestations incomplètes de ce que les nations renferment d'énergie ou de faiblesse, de bonheur ou de misère. Il faut qu'il pénètre dans la vie intérieure de chaque peuple, de chaque cité. Il faut qu'il en étudie les mœurs, la législation, la littérature, les croyances, les opinions, et qu'il nous montre, derrière les rois et les héros, la foule inaperçue qui travaille, souffre et espère. Or, pour arriver à ce but, pour faire disparaître ces pâles généralités dont on a tant abusé dans l'histoire, il n'est assurément rien de plus propre que les travaux archéologiques, qui remuent la poussière du passé et mettent en lumière une masse de détails pleins de vie et d'animation.

Avant d'entrer en matière, c'est un besoin

pour nous de témoigner publiquement notre gratitude aux personnes honorables qui ont bien voulu, par leurs avis ou leurs communications, seconder nos efforts. Après M. Champouillon, curé, et M. Bouillon, maire de Gerbéviller, nous citerons d'une manière spéciale l'arrière petit-fils du célèbre président Le Febvre, M. Nicolas-Léopold Le Febvre de Tumejus, membre du Comité du Musée historique lorrain ; M. Henry Lepage, archiviste du département; M. Piroux, directeur de l'Institut des Sourds-Muets ; et M. Noël, avocat, notaire honoraire à Nancy. Nous nommons en dernier lieu ce laborieux savant, afin de pouvoir plus au long lui dire tout ce que nous avons éprouvé d'agréable surprise à la vue de ses richesses lorraines, et de reconnaissance pour le touchant empressement avec lequel il les a mises à notre disposition.

Nous remercierons enfin nos souscripteurs(*) dans la personne de M. de Vatry qui a bien voulu, dans les formes de la plus exquise politesse, s'inscrire sur notre liste pour dix exemplaires. « Je suis heureux, nous écri» vait-il, de consacrer une journée de mes

(*) La liste en est publiée à la fin de l'ouvrage.

» appointements à encourager vos efforts. » Une telle générosité est au-dessus de tout éloge. Il en est des sentiments d'une grande âme comme des fleurs délicates; le moindre souffle les ternit. On ne peut que les admirer et respirer en silence le doux parfum qui s'en échappe.

L'AUTEUR.

Gerbéviller, le 1er mai 1851.

NOTICE

HISTORIQUE ET DESCRIPTIVE

DE LA

VILLE DE GERBÉVILLER.

CHAPITRE PREMIER.

—

INTRODUCTION.

SOMMAIRE.

Description de Gerbéviller. Caractères géologiques de son territoire. Ancienneté du lieu de Gerbéviller. Lana. Les deux Mercures de Giriviller. Origine du nom de Gerbéviller. Saint Mansuy y prêche l'Evangile. Miracle par lequel il démontre la sainteté de sa mission. Le Prieuré de Saint-Urbain de Gerbéviller. La Hongrie. Bronville.

—

A 15 kilomètres sud de Lunéville, chef-lieu de l'arrondissement, dans une plaine resserrée et à gauche de la Mortagne, s'élève la petite ville de GERBÉVILLER, connue dans les vieilles chartes sous les noms de *Gilberti-Villare*, *Gerbert-Viller*. Cette localité, aujourd'hui chef-lieu d'un canton qui comprend 21 communes, réunit dans son sein 2,266 habitants, 649 ménages et 482 maisons. Son territoire se décompose en 940 hectares de terres labourables, 250 mis en prairie, 117 en vignes, et 901 demeurés à l'état de forêt. L'hectare semé en blé peut rapporter 15 hectolitres; en seigle et en orge dont on sème peu, 12; en avoine 10. Planté en vignes, ce même hectare donne un résultat de 44 hectolitres (*).

Le bourg de Gerbéviller cultive la vigne, le houblon et les céréales. Il possède une tuilerie, deux mégisseries, deux moulins et une scierie. La bonneterie, le tissage de la miselaine et le tricot des bas sont aussi l'une de ses principales branches de commerce. Enfin, le tannage des cuirs, la confection d'un tissu-fil dit toile Velin, l'extraction et la taille des pierres mettent en œuvre un nombre considérable de bras et multiplient, pour la localité, les conditions de bien-être matériel.

Gerbéviller possède une salle d'asile et un hospice dont l'administration est confiée aux bons soins des Sœurs de Saint-Charles, chargées en même temps de l'instruction des filles. Un établissement spécial d'enseignement pro-

(*) Ces chiffres sont ceux du dernier recensement.

fessionnel y a été fondé en 1847 par l'auteur du présent ouvrage. Le nombre des enfants qui, en hiver, fréquentent les écoles, est de 555 et de 165 en été. Les 15 février, 15 mai et 29 septembre sont des jours de foire à Gerbéviller. Une boite aux lettres et un bureau de poste contribuent également à rendre ses relations plus fréquentes. Un triple service de messageries facilite enfin les rapports de ses habitants avec Lunéville, Ramberviller et Nancy.

Vu à quelques cents mètres de distance, du côté des Vosges, Gerbéviller se déroule en forme de croissant et présente l'aspect le plus pittoresque. Ses maisons, disposées en amphithéâtre sur les mamelons qui encadrent la vallée, sa vieille église et son cimetière planté de croix, la tour Saint-Pierre, les ardoises scintillantes du château, les longues bandes de toiles soumises au blanchissage sur une lisière du plus beau vert, le ruban azuré de l'Agne, le canal du moulin bordé de peupliers, l'ancien ermitage de Grand-Rupt; toutes ces choses sont éminemment propres à donner du relief au paysage et à éveiller dans l'âme les plus douces émotions.

A quelque distance de Gerbéviller, on rencontre les écarts de la Hongrie, de la Thuilerie, de la grande et de la petite Mezan.

Complétons l'esquisse précédente par de courtes données géologiques.

La hauteur du faîte des collines qui enveloppent Gerbéviller n'est pas généralement considérable. Sur quelques points seulement elle atteint de 350 à 400 mètres au-dessus du niveau de la mer. Nous en excepterons la côte d'Essey, qui porte sa tête beaucoup plus avant dans les nues.

Nos terrains appartiennent aux formations sédimentaires, dites secondaires, superposées les unes aux autres au pied des Vosges. Les premiers, qu'on remarque en partant de ces montagnes, sont ceux du grès bigarré, ou nouveau grès rouge, à grains fins, à ciment argileux, souvent micacé, qui fournit la pierre de taille de tout le pays, vulgairement appelée *pierre de sable*. Elle se présente surtout abondamment à Domptail. Les autres espèces de grès de très-belle qualité, dits vulgairement *pierres dures*, se rencontrent entre Gerbéviller et Seranville, au lieu dit les *Carrières* (*). Ces formations marchent

(*) Les grès ont été originairement des sables. Or, les sables n'ayant pu être cimentés et solidifiés que très-lentement, les eaux souterraines ont dû longtemps s'y infiltrer, puis, par leur active influence, altérer de proche en proche la masse rocheuse. Ceci nous explique la formation d'une grotte mise à découvert l'année dernière par des ouvriers de Gerbéviller occupés à l'extraction des tailles. Cette grotte

parallèlement à la chaîne des Vosges, du sud au septentrion. Elles s'abaissent en pente douce sous les terrains du calcaire coquillier, ou muschelkalk, qui lui sont superposés. La contexture de ceux-ci est compacte, la couleur gris de fumée, et l'enveloppe terreuse, de couleur jaunâtre, mêlée d'êtres fossiles. Les terrains du calcaire coquillier courent, comme les premiers, du sud au nord. On les remarque sur la rive gauche de l'Agne. Toutefois, la formation la plus importante, la plus longtemps à découvert, la mieux développée sur toute l'étendue du territoire, est celle des marnes irrisées, mélange de substances argileuses ou calcaires, disposées par assises horizontales de couleur rouge de brique, bleue ou grise. On les nomme dans le pays *cholein*, ou terres chaudes. Elles enveloppent ou contournent des amas considérables de chaux sulfatée ou gypse. Elles sont traversées intérieurement par les assises horizontales du calcaire

n'avait pas moins de 15 mètres d'étendue sur 8 de largeur et 5 de hauteur. Sa voûte laissait pendre de nombreuses stalactites assez ressemblantes à des chandelliers. Le fond de cette galerie s'ouvrait sur une seconde excavation beaucoup plus profonde, et à laquelle le curieux n'arrivait qu'à l'aide d'une échelle. Nous avons près de nous quelques unes des concrétions qui se trouvaient suspendues à la voûte de ces grottes.

magnésifère, à cassure conchoïde, de couleur terne, au-dessous duquel se trouve le sel gemme. Dans la partie occidentale du territoire, vers Remenoville et Moriviller, sur les points les plus élevés, on commence à distinguer les assises de gris blanc de lias, ou quader sandstein, surmontées des premières couches du calcaire à gryphées arquées, ou lias, qui fournit la meilleure pierre à chaux du pays (*).

La côte pyramidale qui donne son nom au village d'Essey, offre des circonstances géologiques assez importantes. Le sol y présente, en grande quantité, des roches noires et pesantes, d'origine plutonique, regardées généralement comme des basàltes. Nous pensons que le pic d'Essey est un volcan éteint, ou au moins une saillie de terrains primitifs à travers les terrains secondaires. On croit même apercevoir, dans certaines anfractuosités, des vestiges de cratères obstrués. La haute renommée du vin de Saint-Boingt, qu'on récolte au pied de la côte, ne fortifierait-elle pas l'opinion qui admet l'existence d'un foyer central de chaleur. Nous invoquerons à l'appui de cette conjecture ce qui

(*) Nous devons plusieurs des détails qui précèdent à l'article sur la géologie de l'arrondissement de Lunéville, publié par M. Guibal dans la Statistique de la Meurthe.

se passe au pied du Vésuve. En effet, chacun a ouï parler du *Lacryma Christi*, de cette liqueur divine dont la bienfaisance est uniquement due au voisinage de la redoutable montagne.

A Gerbéviller comme dans les pays de sédiments, l'action destructive des eaux paraît avoir été l'agent principal des dépressions et de toutes les dégradations. En effet, d'anciens torrents ont coupé transversalement les groupes de terrains désignés plus haut, puis creusé des enfoncements ou vallons, au fond desquels s'écoulent aujourd'hui les eaux de l'Agne et de ses nombreux affluents. Sur les flancs des collines, l'action du fluide aqueux est même marquée visiblement. Considérons-nous par exemple celui de ces flancs qui regarde les hautes Vosges? comme il a reçu le choc et le poids des eaux, il est usé et descend en escarpement rapide : telles sont les côtes de Xermaménil, de Fraimbois, de Vallois. Le versant opposé, au contraire, descend en pente douce, recouvert des débris calcaires et des attérissements diluviens.

Telle est la topographie du pays dont nous allons écrire l'histoire. Quoique peu riche, Gerbéviller est aujourd'hui bien différent en population, en industrie, en aisance, de ce qu'il était sous le joug de la féodalité. Aussi le tableau des temps passés sera-t-il le plus bel éloge de toutes les libertés que nous avons conquises.

Le lieu de Gerbéviller, ainsi que ses environs, paraît ne pas avoir été complétement inconnu des Gaulois. La tradition veut qu'une ancienne ville du nom de *Lana* ait existé sur l'un des points du territoire, appelé Mégemont. Il y a peu d'années, les vestiges s'en faisaient encore remarquer. Aujourd'hui, ils ont disparu sous la mousse et sous l'épais fourré de la forêt. *Lana* aurait probablement tiré son nom de quelque temple élevé au culte de la déesse des nuits fort honorée, on le sait, chez nos premiers aïeux. Lunéville (*Lune villa*) n'a pas une autre origine. Quoi qu'il en soit de l'importance de cette antique cité, il est certain qu'une route ferrée, tracée le long de la rive gauche de la Mortagne, lui offrait de nombreux débouchés du côté des Vosges et vers la capitale des Leukes (Toul) ou des Médiomatriciens (Metz).

Lana, comme temple élevé à la Lune, n'aurait point été le seul monument religieux des Gaulois dans nos parages. Il y a quelques années, un ouvrier faisant un défrichement, à un kilomètre de Giriviller, canton de Gerbéviller, trouva, à environ 1 mètre de profondeur, des murs en pierres de taille, appareillées avec beaucoup de soin. Après avoir enlevé les décombres dont ils étaient recouverts, il put reconnaître qu'ils avaient servi à former une chambre de 3 mètres 50 centimètres en carré, sur 2 mètres de hauteur; l'aire était en ciment bien poli. Parmi les débris qui en furent extraits, on recueillit de nombreux fragments de poterie romaine, et une douzaine de monnaies en grand bronze, que l'oxidation avait rendues presque entièrement frustes. Sur quelques unes on pouvait encore apercevoir l'effigie de Faustine le Jeune et de Septime Sévère. Deux bas-reliefs représentant le dieu Mercure étaient encastrés dans l'une des parois des murailles de cette pièce. Ils sont en grès rouge, provenant des montagnes des Vosges. Le premier a, de hauteur, 1 mètre 20 centimètres, de largeur 50 centimètres, et sur les rebords 20 centimètres d'épaisseur. Il représente Mercure sans la pétase, sorte de bonnet ailé qu'il porte le plus souvent. Sa tête est surmontée de deux ailerons qui ressemblent aux oreilles d'un animal. La figure a été brisée, mais le reste du corps est d'une parfaite conservation. Un espèce de manteau, plus petit que la chlamyde, le *palliolum*, est jeté sur les épaules du dieu et le laisse à demi-nu. Les reins sont entourés d'une ceinture plate et mince, destinée probablement à voiler ou peut-être même à remplacer les organes sexuels. De la main droite, le dieu tient une bourse pleine; de la gauche, pend un long caducée, symbole de la paix qu'en sa qualité de messager des dieux vers les hommes il était chargé d'entretenir parmi ceux-ci. Ses pieds ne sont point garnis de talonnières comme cela se voit souvent. Entre les jambes, on remarque un lièvre dont les oreilles sont dressées; le sculpteur a voulu sans doute symboliser ici la rapidité avec laquelle le dieu remplit ses fonctions sur la terre et dans le ciel.

Le second bas-relief a 1 mètre 55 centimètres de hauteur; les autres dimensions sont les mêmes que celles du précédent. Quoique brisé en plusieurs morceaux, il a pu être rétabli dans son état complet et primitif. Ses formes mieux accusées, la régularité de l'ensemble le rendent, sous le rapport de l'art, supérieur au premier. Le corps est entièrement nu, à l'exception du bras gauche qui soutient un petit manteau, sans doute encore le *palliolum*. Le rebord supérieur ayant été légèrement écorné, on n'aperçoit plus qu'un aileron sur un des côtés de la tête. Le personnage tient aussi de la main droite une bourse destinée, selon toute probabilité, à renfermer le produit de son industrie et de ses larcins. On sait que son habileté en ce genre était proverbiale dans l'antiquité; témoin le bon mot du satyrique Lucien : « Mercure, dit-il, vola le trident à Neptune, l'épée à Mars, les tenailles à Vulcain, le sceptre à Jupiter, et il lui aurait encore volé la foudre, s'il n'eût craint de se brûler. » Cette bourse repose sur une tête de bouc, animal consacré à Mercure et qu'on retrouve très-souvent dans les contrées qui avoisinent le Rhin. Le bouc est employé comme symbole de fécondité ; selon quelques savants, il représente la force créatrice ainsi que la vie animale et intellectuelle à laquelle présidait Mercure d'après les traditions orientales. Faisons observer que Mercure est représenté debout, pose qu'il a presque généralement, parce qu'il semble qu'à raison de ses nombreuses fonctions dans le ciel, sur la terre et dans les enfers, il doive toujours être disposé à les remplir. Quant aux deux serpents, qui servent presque toujours d'ornement au caducée, ils nous rappellent le souvenir de l'Egypte. Chez les Egyptiens, le serpent était l'emblème de la vie. Ils lui avaient voué un culte spécial ; ils le plaçaient partout, et souvent leurs dieux étaient en partie représentés sous cette forme mystérieuse.

Le fils de Jupiter et de Maïa avait donc aussi, près de Giriviller, un temple, ou plutôt une de ces *cancelles*, sorte d'oratoires que les colons établissaient dans l'enceinte de leurs métairies particulières. Là, ces dieux de pierre étaient exposés à la vénération des peuples superstitieux. On y accourait du voisinage pour honorer le prétendu inventeur des lettres, le guide des voyageurs et le meilleur auxiliaire dans l'art d'amasser des richesses et de faire heureusement le négoce (*).

Ces bas-reliefs de Mercure, qui doivent orner le futur Musée lorrain, ne sont pas les seuls monuments de l'époque gallo-romaine légués à nos contrées. Des pots romains et des pièces de monnaie ont été mis à découvert, il y a un demi-siècle, dans le parc du château, par de jeunes sangliers apportés des bois de Velaine, pour peupler les forêts de M. de Lambertye. Au moment où nous écrivons ces lignes, nous avons sous les yeux l'un de ces pots, remarquable par sa belle conservation (**). Plus tard, en 1848, il fut également trouvé, entre Gerbéviller et Xermaménil, plusieurs javelots, des fers de lance et des faucilles appartenant à la même époque. La plupart de ces objets ont été acquis par le Musée d'Epinal (***); d'autres sont restés entre les mains de quelques amateurs de notre ville.

(*) Voir, pour plus de détails à ce sujet, l'article de M. l'abbé Klein, imprimé au tome 1, n° 1, du Bulletin de la Société d'archéologie lorraine.

(**) Communication de M. J. Pfister.

(***) Communication de M. Jules Laurent, conservateur.

Ces détails terminés, parlons de l'origine probable de Gerbéviller.

Chacun sait que les Romains, devenus maîtres de la Gaule, ne tardèrent pas à changer l'aspect de nos contrées. Toul et plusieurs autres villes, réunirent bientôt dans leurs murs une population nombreuse et commerçante. Des monuments gigantesques s'élevèrent de toutes parts, des voies romaines sillonnèrent le pays, des camps en protégèrent le territoire. Les campagnes, néanmoins, étaient loin d'offrir l'aspect animé qu'elles présentent aujourd'hui. On n'y voyait point d'habitations groupées les unes contre les autres, et formant ces nombreux villages qui peuplent nos vallées et jusqu'au sommet de nos coteaux. Les champs étaient abandonnés aux esclaves et aux colons; on les réunissait, pour la culture, dans de vastes métairies presque toujours isolées. Une partie de la récolte des terres leur était abandonnée, à charge par eux de conduire le reste au *vicus* voisin. On ne voyait hors des villes, mais près de leurs murs, que quelques *villa* appartenant à de riches propriétaires de qui elles prenaient le nom. C'est ainsi que Gerbéviller, d'après le témoignage d'un estimable écrivain (*), aurait

(*) Le P. Benoit-Picard. Pouillé du diocèse de Toul.

emprunté sa dénomination à un seigneur appelé *Gilbert* ou *Gerbert*, son fondateur et son premier possesseur. Une maison de plaisance bâtie sur le revers du vaste parc de M. de Lambertye, une ou deux métairies jetées sur l'autre rive de la Mortagne, des colons condamnés à remuer les entrailles de la terre, puis de nombreux troupeaux de vaches paissant l'herbe de la prairie ou broutant la paille du vicus ; voilà le tableau simple et patriarchal que présentait Gerbéviller aux premiers jours de sa naissance, c'est-à-dire il y a quinze siècles et plus.

Les Romains avaient apporté la lumière dans les Gaules ; les Francs y ramenèrent la barbarie. A leur contact, une dégradation soudaine change l'aspect de notre pays. Les édifices grandioses qu'avait élevés la main puissante de ses dominateurs croulent sous le fer ou le feu des Visigoths, des Bourguignons et des bandes formidables du fléau de Dieu, Attila. Peu s'en fallut même qu'avec les monuments des arts, la civilisation, œuvre du peuple-roi, ne périt tout entière dans cet immense naufrage. Mais heureusement que, vers le milieu du IVe siècle, d'autres éléments de progrès avaient commencé à germer à côté de la civilisation romaine. Dès 365, la religion chrétienne était prêchée dans la capitale des Leukes, et déjà de nombreux martyrs avaient scellé de leur sang les fondements de l'édifice de la foi nouvelle. Spectacle touchant, jusqu'alors sans exemple : les Gaulois et les hommes du Nord se donnaient le baiser de la paix dans les plus cordiales étreintes. C'est qu'à la religion chrétienne seule il appartenait d'opérer, par ses doctrines d'égalité, la fusion de ces peuplades de diverses origines ; c'est qu'à elle seule il était donné de les asservir par cette théorie si simple et si séduisante pour l'espèce humaine : l'ESPÉRANCE et la FOI.

Gerbéviller fut du nombre des premières cités qui reçurent la bonne nouvelle. La tradition nous rapporte que saint Mansuy y vint évangéliser (*). Logé chez une pauvre veuve dont l'habitation était située dans le voisinage de l'église actuelle, il y pratiquait les vertus les plus austères, couchait sur la terre nue et ne vivait que de racines cuites à l'huile. Bientôt la douceur de son éloquence, jointe à l'étrangeté de ses mœurs, lui attira un concours de femmes et d'enfants. Les hommes, seuls, apportaient moins d'empressement à venir écouter ses touchantes exhortations. Mais le Ciel a toujours mis des ressources

(*) Après les preuves écrites, nous avons, suivant le conseil du sage, interrogé les anciens, afin de recueillir de leur bouche les traditions du passé. *Interroga majores et dicent tibi*. Sap. 26.

infinies au service de ceux qui ont préféré le joug aimable de Jésus-Christ à une domination séculière. Il ne pouvait donc qu'éprouver notre missionnaire, afin de rendre son triomphe plus éclatant. En effet, un jour, qu'au retour d'une course apostolique il se disposait à traverser les eaux de la Mortagne pour rejoindre son humble logis, il s'entendit appeler par des voix qui ne lui étaient point entièrement inconnues. C'étaient celles des serviteurs d'une métairie voisine (*), occupés alors à battre du grain, et que notre apôtre avait inutilement cherché à gagner à Dieu. « Mansuet, dit l'un d'eux à son approche, nous croirons à la vérité de ta doctrine, si tu peux rendre à cette paille que nous foulons sous nos pieds la fécondité qu'elle a perdue sous le choc du rouleau ; fais apparaître de nouvelles gerbes, et nous accepterons ton baptême. » A cette proposition, le saint Evêque comprit l'inutilité des paroles. Levant alors les yeux vers Celui qui a promis de ne rien refuser à la foi, il se recueillit un moment en lui-même, puis regardant à terre, il montra l'aire chargée des plus beaux épis et dit : « Mes frères, voilà ce que vous demandiez ; voyez, et

(*) Elle figure sur notre plan de Gerbéviller sous la dénomination de *grange des fermiers*.

que Dieu vous donne sa paix. » Ce dernier désir, à peine exprimé, recevait lui-même son accomplissement. Mansuy, qui avait reporté ses regards vers le ciel en action de grâce, les ayant abaissés, vit, en effet, nos incrédules, le genou à terre, demandant avec instance d'être initiés à la vie qui est en Jésus-Christ (*). Cette conversion et le prodige qui l'avait accompagnée, eurent le plus grand retentissement dans tout le pays. Aussi chacun venait-il à l'envi déposer aux pieds du saint son vieux vêtement d'iniquité pour recevoir la robe de l'innocence. Le cœur plein de joie à la vue d'une aussi copieuse moisson, Mansuy songea à élever au vrai Dieu un oratoire digne de son culte auguste. Secondé par ses nombreux néophytes, il dota Gerbéviller d'un premier temple chrétien. On pense que ce temple, bien modeste sans doute, fut bâti sur l'emplacement même de l'église paroissiale. Suivant la tradition, Mansuy n'aurait fait que consacrer au service des autels les restes d'un temple païen. Cette version ne serait pas dénuée de tout fondement si on

(*) Dans l'opinion de plusieurs personnes, ce miracle aurait eu lieu chez la veuve même, femme très-riche, dit-on, qui avait offert l'hospitalité à saint Mansuy. Gerbéviller (ville de Gerbes) devrait, ajoutent ces personnes, son nom à cet événement.

veut bien se rappeler qu'une voie romaine passait au pied même de l'éminence sur laquelle repose aujourd'hui la maison de prières. Quoi qu'il en soit du merveilleux qui entoure la mission du saint Evêque, gardons religieusement dans nos cœurs le souvenir du premier agent de la régénération pour nos contrées. N'oublions pas que Mansuy fut le père de la colonie chrétienne dont nous sommes les rejetons; n'oublions pas surtout que, grâce à sa présence, nos antiques forêts virent disparaître les dernières traces du culte druidique; ce qui permit à nos pères d'y porter leur cognée civilisatrice.

Vers le IXe siècle, l'oratoire édifié par saint Mansuy et placé sous le patronage de saint Pierre, fut agrandi, puis décoré d'une voûte en pierres, chose peu commune à cet âge de honteuse barbarie. Il constitue aujourd'hui le chœur de l'église paroissiale; seulement, les fenêtres à cintre ont disparu lors de l'introduction de l'ogive dans les arts. A l'époque de son agrandissement, l'oratoire fut annexé comme chapelle à un prieuré bâti à sa gauche par des religieux venus de l'abbaye de Saint-Urbain, en Champagne. Une porte murée, dont l'encadrement fait encore saillie sur le côté du chœur, servait d'entrée particulière aux bons moines. Un petit bénitier, taillé en écailles de poisson, avoisine cette issue. En vertu d'une bulle du pape Paul V et par la lettre du vice-légat, datée du 11 septembre 1606, le prieuré de Saint-Urbain de Gerbéviller, Ordre de saint Benoît, fut uni à la mense du chapitre de Saint-George de Nancy (*). La Primatiale le posséda ensuite comme héritière dudit chapitre, et elle le garda jusqu'à l'époque où le gouvernement mit le séquestre sur les propriétés ecclésiastiques.

Il est à présumer que la réédification de l'oratoire de saint Mansuy eut pour cause principale les ravages occasionnés dans la contrée par les Hongrois et les Allemands qui, de 910 à 937, firent quatre ou cinq incursions en Lorraine. Ils brûlèrent la première fois les abbayes de Saint-Dié, d'Etival, de Moyen-Moutier, de Remiremont. Ces barbares tuaient sans pitié les pauvres habitants des campagnes; aussi ces derniers, à leur approche, fuyaient-ils dans les montagnes, emportant ce qu'ils avaient de plus précieux. Une des collines du territoire de Gerbéviller a conservé le souvenir de la présence de ces hordes sauvages. La Hongrie, c'est le

(*) Archives de Lorraine. *Papiers de la Collégiale de Saint-George.*

nom de cette vallée, fut sans nul doute un de leurs lieux de campement. Bronville (ville de la fontaine), détruit au XVIIe siècle par les Suédois, ne paraît pas avoir eu une origine différente.

CHAPITRE II.

DE L'AN 1000 A L'AN 1400.

SOMMAIRE.

Premiers seigneurs connus de Gerbéviller. Dès son origine, cette terre servait d'apanage aux cadets de Lorraine. Etat social du pays et des peuples au XIIe siècle. Affranchissement des communes, et en particulier de Gerbéviller. Loi de Beaumont. Réflexions sur l'esprit de cette loi. Ses conséquences immédiates. Origine des châteaux en Lorraine. Maison forte de Gerbéviller. Topographie de l'ancienne ville de Gerbéviller. Les Bordes, maison de lépreux. Cérémonies étranges usitées dans la séparation des ladres.

Au milieu des continuelles agitations qui accompagnèrent l'établissement de l'auguste maison de Lorraine, il est difficile d'arriver à une connaissance bien positive des premiers seigneurs de Gerbéviller. Voici les noms que le chaos de l'époque n'a point engloutis dans un oubli complet :

Gérard, comte de Kerford, seigneur et baron de Gerbéviller, qui trépassa l'an 1149, le douzième jour de mars.

Simon Ier, duc de Lorraine, héritier de la seigneurie de Gerbéviller par son mariage avec Adeline, fille de Gérard, comte de Kerford (*). Ce prince mourut en 1158.

Vautier ou Gautier, fils du duc Simon, est pourvu de la seigneurie de Gerbéviller, lors de son mariage avec Agnès d'Haraucourt, qu'il avait épousée à cause de sa beauté extraordinaire. Ses frères étaient Raimbaud, Thierri, et Guillaume qui se fit chevalier du Temple. Le prince Vautier mourut apparemment en 1179. Il fut enterré à Beaupré avec la comtesse son épouse. En 1155, il avait donné Martimbois à cette maison religieuse.

Frédéric, fils de Vautier, succède à son père dans la terre de Gerbéviller. Il avait une sœur nommée Ioatte ou Jeannette. L'un et l'autre sont dénommés dans des titres de l'an 1155.

Simon II, duc de Lorraine, en l'absence d'héritiers mâles, reprend en fief la terre de Gerbéviller. Par une transaction passée en 1179 entre ce prince et son frère Frédéric de Bitche, le pre-

(*) D. Calmet, *Histoire de Lorraine*, tom. II, seconde édition.

mier s'engage à donner au second le château du fief de Gerbéviller, pour acquitter les cent livres qu'il devait assigner en fond de terre au dit Frédéric de Bitche.

Philippe devient possesseur de la terre de Gerbéviller par suite de l'abandon que lui en fait son père Frédéric de Bitche. Il vivait en 1197 et encore en 1255. Il avait épousé Agnès de Salm, fille unique et héritière de Mathilde de Hombourg, fondatrice de l'abbaye de Salival. On le trouve dénommé, avec sa femme Agnès et sa fille Jeannette ou Ioatte, dans des titres de Saint-Dié et de Beaupré. C'est par lui que les religieux de cette abbaye furent mis en possession du moulin de Gerbéviller *molindinum de Gilliberviller*, ainsi que des forêts situées entre Vathiménil et Gerbéviller. L'acte de donation est de 1225 (*). Philippe de Gerbéviller était un homme superbe et ambitieux. Nos lecteurs auront appris dans l'histoire de Lorraine que Thiébaut Ier fut détenu à Wurtzbourg par l'empereur Frédéric, roi des Romains. Pendant son absence, Philippe tenta de le déposséder de la souveraineté ducale. Dans ce but, il provoqua une assemblée des Etats « qui devisèrent, dit la chronique, pour nouvel duc élire, et fut messire de Gerbiéler

(*) Archives de Lorraine. *Titres de l'abbaye de Beaupré.*

qui fut chef en les susdites assemblées esquelles se trouva Hugues sire de Lunéville (*). » On sait que la fidélité de Lambirin d'Ourches et l'annonce du prochain retour de Thiébaut, réduisirent au néant cette honteuse trahison.

En 1243, nous voyons Hugues, comte de Lunéville, conjointement avec sa femme Jovette, échanger le château de Gerbéviller et le comté de Lunéville, au duc Mathieu II, contre Spitsember, et ce qu'il possède à Moyenmoutier et à Saint-Dié.

Philippe, deuxième de ce nom, seigneur de Gerbéviller, vivait en 1285.

Henri de Gerbéviller, chevalier, député par le duc Ferry en 1313.

Thiébaut de Gerbéviller, chevalier, prisonnier de guerre en 1346.

Philippe de Gerbéviller, traite avec les bourgeois d'Epinal, en 1396.

En 1399, Isabelle de Bar, dame d'Arekel et de Pierre-Pont, engage au duc Charles II le quart de tout ce qu'elle possède à Gerbéviller, jusqu'à quatre lieues à la ronde, moyennant 600 écus couronnés d'or au coin du roi de France. L'acquéreur donna le gouvernement de ces terres à Jeoffroy de Fontenoy, pour lui et ses successeurs (**).

(*) Tiré d'un mémoire de Florentin Thiériat, page 15.
(**) Archives de Lorraine. *Layette Rosières.*

Nous trouvons enfin un Errard de Gerbèviller qui figure comme caution dans un acte de 1405.

Ainsi, d'après ce qui précède, la terre de Gerbéviller n'était anciennement qu'une simple baronnie. Tombée au pouvoir des ducs de Lorraine, elle servit toujours d'apanage aux cadets de cette illustre maison. En aucun temps, elle ne constitua donc le patrimoine d'une famille du nom de Gerbéviller. Aux Etats de Lorraine on disait, il est vrai : M. de Gerbéviller, M. de Girecourt. Mais, par cette apostrophe, on n'entendait nullement désigner la qualité des nobles eux-mêmes : on appelait purement les noms des fiefs; on parlait au nom du sol et des habitants que ces nobles représentaient (*).

Faisons connaître ici, par quelques courtes considérations, quel était, au moyen-âge, l'état social du pays et celui de ses habitants.

La conquête des Gaules, par les Francs, avait été suivie du partage des terres entre les vainqueurs. Les chefs, se trouvant à la tête d'une troupe de guerriers qui leur étaient dévoués, s'emparèrent, à leur convenance, des champs, des prés, des bois, dont ils jouirent en franc-alleu (**). Parmi les Francs d'un rang inférieur,

(*) Voir le nº 5, 2e volume, page 115 des *Mémoires pour servir à l'histoire de Lorraine*, par M. Noël.

(**) *All od* (toute propriété), ou de *loos*, sort.

les uns continuèrent d'entourer leurs chefs et de vivre aux dépens de ceux que leur vaillance avait enrichis. D'autres s'établirent dans des portions de terrain qui leur furent cédées à titre de récompense. Quant aux habitants mêmes du pays, on leur laissa des terres, mais à des conditions extrêmement onéreuses. Ajoutons qu'avant l'organisation des municipalités, toute la banlieue d'un bourg ou d'un village appartenait au seigneur. Il en disposait à son gré et y exerçait un pouvoir sans bornes et sans limites.

A son apparition dans le monde, Jésus avait bien proclamé l'égalité de tous les hommes, comme créés par le même Dieu et sauvés par le même Christ; mais l'esclavage romain, trop précieux pour certaines castes, n'en subsistait pas moins dans les mœurs sociales de nos pères. Sans doute on ne dressait plus de gladiateurs, destinés à divertir le peuple, aux jours de fête, par le spectacle hideux de leurs luttes sanglantes. Sans doute des maitres inhumains ne poussaient plus la férocité jusqu'à jeter en pâture, aux poissons de leurs viviers, des esclaves vivants. Mais au XIIe siècle, la servitude était encore très-commune dans le pays que nous habitons. Les serfs, réduits à la condition la plus humiliante, travaillaient, souffraient, mouraient, pour satisfaire à la volonté capricieuse de leurs maitres. Un homme, né esclave, ne pouvait ni tester, ni paraître en justice, ni disposer de ses enfants. Toutefois, il avait son pécule, dont il restait complétement le maître. Mais qu'était cette misérable faveur à côté de la honteuse dépendance qui s'attachait à chacune des aspirations de sa vie. Ainsi son corps appartenait au seigneur : celui-ci le donnait, le vendait, l'échangeait, le laissait par testament ou le dévouait au service des églises, sous un certain cens annuel. En lisant les anciens terriers, on se croit transporté chez les puissances barbaresques : ici, c'est une famille donnée, une autre achetée pour cinquante sols ; là, c'était une famille et le quart d'une autre, indivise pour les trois quarts restants avec de nouveaux propriétaires ; plus loin, une même famille soumise au partage, le mari et sa femme asservis à deux maîtres différents. On ne voit figurer dans ces dénombrements ni terres, ni maisons ; ces immeubles n'étaient que des accessoires et n'avaient aucun prix sans le *mancipium*, qui comprenait la famille du serf, les esclaves et le bétail. Enfin, les nobles disposaient de leurs sujets suivant tous les caprices de leur fantaisie tyrannique. Ils leur imposaient des charges à volonté, leur commandaient *le haut et le bas*, *le plus et le moins*. En traçant de la manière la plus humiliante la ligne de démarcation qui existait entre le châtelain et son serf, la législation de l'époque devait, on le conçoit, nécessairement entretenir l'esclave dans l'abjection et exciter l'orgueilleux mépris du maître.

L'entre-cours subsistait dans toute la Lorraine : les sujets d'un seigneur ne pouvaient aller s'établir sur les terres d'un autre seigneur, sans le consentement réciproque des deux partis. Les formariages étaient pareillement défendus ; il fallait une semblable permission pour que le serf d'un maître pût s'unir au serf d'un autre maître. Nous trouvons des traces de cette sujétion jusque dans le XVIe siècle. Ainsi, nous lisons dans des lettres des président et gens du comté de Bar, à la date de 1560, « que Perrin de Watronville, escuyer, a cédé et transporté au duc de Calabre l'hommage de Jeanne, veuve Didier Cuny, de Gerbéviller, sa sujette, à cause de sa seigneurie de Maisey, pour pouvoir se marier à Dompierre avec Pierrot-Maillard, sujet du dit duc, et promettant (les dites lettres) au dit Watronville, lui en rendre une autre du dit duc en contre-échange (*). »

Ajoutons aux détails précédents, que si un serf étranger venait à être convaincu de vol, il

(*) Archives de Lorraine. *Registre des Lettres-patentes. Gerbéviller.*

avait la latitude de racheter sa vie; mais son maître pouvait toujours revendiquer sa personne. En un mot, le seigneur suivait son sujet et en demeurait maître partout où l'esclave pouvait aller habiter : c'est ce qu'on appelait *droit de suite de main-morte*. D'ordinaire, les mariés appartenaient au seigneur sur les terres duquel l'union s'était consommée, quand bien même, par la suite, ils auraient eu pris domicile dans une autre seigneurie. Quelquefois, les enfants mâles devenaient tributaires du seigneur de leur père; les filles restaient sujettes du seigneur de la mère. Qui le croirait, l'odieuse servitude du droit de main-morte subsista en Lorraine jusqu'en 1711. A cette époque seulement, Léopold, le meilleur de nos ducs, l'abolit sans retour (*).

(*) Henri Lepage, *Statistique de la Meurthe*. Introduction ; — Gravier, *Histoire de Saint-Dié*, chap. IV ; — Noël, n° 5 et 6 des *Mémoires pour servir à l'histoire de Lorraine*.

NOTA. — Malgré ses vices d'organisation, la féodalité eut des conséquences heureuses pour les nations. Ainsi elle fit une opposition salutaire aux envahissements du pouvoir royal. Elle couvrit d'un appui tutélaire les habitants des campagnes exposés aux guerres incessantes des seigneurs entr'eux. En pressurant enfin le peuple par toutes les vexations imaginables, elle l'amena à rechercher les consolations de la religion. C'est dans le malheur que l'homme devient pieux; c'est dans le besoin qu'il élève des autels. Aussi le moyen-âge fut-il vraiment l'époque de la foi, de la touchante résignation et de l'art chrétien par excellence.

Au règne de Ferry III (1251-1303), se rapporte le grand mouvement vers la liberté qu'opéra, en Lorraine, l'affranchissement des communes.

On doit remarquer, à l'honneur de l'Eglise, qu'elle fut la première à briser les chaines de l'esclavage. En 1182, Guillaume, archevêque de Reims, dit aux blanches mains, avait bâti entre Mouzon et Stenay, à l'occident de la Meuse, une petite ville qu'il nomma Beaumont. Pour y attirer des habitants, il fit à ses nouveaux sujets des conditions d'existence meilleures que n'étaient celles du reste du peuple ; il leur donna des franchises, leur accorda des privilèges et leur créa des magistrats. Dans l'histoire de l'émancipation des communes, cette loi généreuse est connue sous le titre de *loi de Beaumont*. Elle servit de modèle aux seigneurs qui prirent à cœur de faire luire, pour leurs sujets, l'aurore de la liberté.

Dès que l'influence bienfaisante de la loi de Beaumont fut connue, les peuples demandèrent avec ardeur d'y être soumis. Le duc de Lorraine, les comtes de Bar et de Luxembourg, l'introduisirent dans presque tous les lieux de leur obéissance. Gerbéviller est du nombre des premières villes de Lorraine qui obtinrent des affranchissements. Par lettres-patentes données à Troyes, en 1265, le duc Ferry s'oblige « d'entretenir aux bourgeois de Nancy, du port de Saint-Nicolas, de Lunéville, de Gerbéviller et d'Amance, leurs franchises et coutumes, ainsi que ceux de Beaumont en Argonne en jouissent. Et au cas qu'il aille à l'encontre et que les dits bourgeois en fassent plainte à Thiébaut, roi de Navarre et comte de Champagne, il veut, octroie et requiert le dit roi qu'il le contraigne à les garder, et qu'il puisse saisir les fiefs qu'il tient de lui, et ses autres biens, jusqu'à ce qu'il ait réparé le tout (*). »

Nos lecteurs ne liront pas sans intérêt le détail des dispositions de cette loi mémorable.

Chaque maison était imposée de 12 deniers par an (**);

Une fauchée de pré (20 ares 44 centiares) payait 4 deniers;

Les champs cultivés rendaient 2 gerbes sur 12;

Les champs nouvellement défrichés, 2 gerbes sur 14;

Au four banal, on donnait 1 pain sur 24;

(*) H. Lepage, *Statistique de la Meurthe.*

(**) A l'époque de la promulgation de cette loi, un bœuf valait deux sous, une vache un sou, un cheval six sous, un porc quatre deniers. Ces sous étaient d'argent et pouvaient correspondre à 5 francs 42 centimes de notre monnaie. (Gravier, *Histoire de la ville de Saint-Dié*, chap. IV, page 99.)

Au moulin banal, 1 septier sur 20;

Chacun était admis à se purger par serment du paiement de ces droits.

On permettait l'usage illimité des eaux et forêts; néanmoins, le transport du bois hors du pays était puni d'une amende de 10 sous.

Les maires et les jurés, chargés de la perception des droits et revenus, étaient nommés annuellement.

En cas de vente d'héritage, le vendeur payait un denier, l'acquéreur autant; le maire en touchait un, les jurés gardaient l'autre.

Le nouvel arrivant payait deux deniers d'entrée, qui se partageaient comme il vient d'être dit. Le maire lui assignait en retour *terre* et *masure*.

Le bourgeois qui excitait des plaintes fondées en justice, payait 3 sous d'amende : 2 au seigneur, 6 deniers au maire et 6 deniers au plaignant.

Les injures se prouvaient par le témoignage de deux bourgeois. En cas de condamnation, l'offenseur payait 5 sous d'amende : 4 sous 6 deniers au seigneur et 6 deniers au maire.

Dans le cas de batailles sans armes, les partis payaient 45 sous : au seigneur 38 sous, au maire 1 sou, aux jurés 1 sou, au battu 5 sous;

Si les combattants étaient porteurs d'armes,

bien même qu'ils ne s'en fussent pas servi, ils payaient 60 sous;

Si la lutte avait été suivie de plaies et de sang, l'amende était de 100 sous; le blessé en recevait 20 outre les frais du pansement.

Y avait-il perte de membre ou mort, l'assassin restait à la discrétion du seigneur.

Pour anticipation d'héritage, on payait 20 sous; la prescription suivait l'an et jour de possession.

En cas de vol, l'objet enlevé était restitué en nature, et le délinquant expulsé, si le volé l'exigeait.

Les bourgeois allaient à la *chevauchée* du seigneur, de manière à rentrer chez eux, le même jour, s'il leur plait.

Le maire, les jurés (ce mot est ici pour échevins), et quarante bourgeois discrets composaient le tribunal de justice.

La tenue des plaids se faisait trois fois l'an.

Toute sage et humaine qu'elle était pour le temps où elle fut donnée, la loi de Beaumont était entachée d'un vice radical : la répression des délits par des peines pécuniaires. « Ainsi, les crimes des citoyens, dit à ce sujet Beccaria, étaient le patrimoine du prince; les attentats contre la sûreté publique étaient une partie du luxe des riches, et le souverain et le magistrat, destinés à la protéger, avaient intérêt à la voir insulter. Le juge était plutôt l'avocat du fisc qu'un examinateur impartial de la vérité. »

Ces peines pécuniaires découlaient de l'état même de la société. En effet, les hommes nés serfs faisaient, avons-nous vu, partie essentielle du domaine de leur seigneur. Or, une punition corporelle eût porté atteinte aux droits du propriétaire ; les serfs ne pouvaient donc être frappés que dans leur pécule.

Tel était le cercle vicieux dans lequel la féodalité retint la civilisation emprisonnée pendant tant de siècles.

La plupart des seigneurs, avons-nous dit plus haut, à l'exemple du duc de Lorraine, acceptèrent pour leurs sujets les prérogatives de la loi de Beaumont. Ajoutons, cependant, que ce fut toujours de fort mauvaise grâce qu'ils suivirent le mouvement provoqué par l'esprit sage et généreux de Ferry III. Ce prince faillit même être victime de leur haine mal déguisée. « C'est pour avoir voulu, nous dit à ce sujet Louis d'Haraucourt, mestre à tout meshay empeschement et privilèges que certains de la noblesse des siens Etats avoyent en prétention et dont n'usoyent en bons et loyaulx hommes, » que Ferry III souleva la haine des principaux seigneurs et gentilshommes du pays, trop habitués d'agir envers le pauvre peuple « comme leur duisoit (plaisait). C'est après avoir vainement essayé par menées sourdes et brigues de traverser privilèges et franchises qu'avoit Monseigneur donné et gratifié certains lieux, qu'ils conspirèrent contre sa personne. » Mais, n'osant probablement pas attenter à sa vie, ils le retinrent captif, dans l'espérance de lui arracher tôt ou tard la révocation des franchises qu'il avait accordées aux communes (*).

C'est à partir des affranchissements que nos villages sont devenus populeux, que l'agriculture s'est développée dans notre pays en même temps que la propriété y a pris naissance. Alors les populations formèrent des communautés ayant leurs bans ou finages, leurs bois, leurs eaux, leurs pâturages communs, sans compter ce que chaque membre possédait en particulier. La justice fut immédiatement rendue, au nom des seigneurs, par les maires, les jurés, les doyens et échevins, dont la création remonte à cette époque. Au-dessus de ces officiers venaient les baillis et les prévôts, qui étendaient leur pouvoir sur un certain nombre de communautés. Le plus ancien des prévôts connus de Gerbéviller est un

(*) M. Beaupré. *Emprisonnement de Ferry III, dans la tour de Maréville.*

nommé Vautier, mentionné dans un titre de 1186, que nous allons avoir occasion de rappeler.

Quant aux nombreux châteaux qui couvraient la province, leur origine remonte, pour la plupart, à l'érection de la Lorraine en duché souverain. Alors, les seigneurs particuliers, accoutumés à vivre dans une sorte d'indépendance, et ne pouvant se résoudre à subir le joug d'un nouveau maître, se cantonnèrent chacun dans sa terre et dans son château. Ils voulurent, sinon se maintenir en liberté, du moins partager l'autorité avec celui qu'on leur avait donné pour souverain. De là ces forteresses élevées de toutes parts comme des emblêmes de la féodalité, et qui furent détruites, soit dans les guerres continuelles du moyen-âge, soit par le fer des Suédois, soit enfin par la politique ombrageuse des rois Louis XIII et Louis XIV.

Dès le XIIe siècle, le château de Gerbéviller avait son importance. Une charte de 1186, par laquelle Pierre, évêque de Toul, confirme les différentes donations faites à l'abbaye de Beaupré, porte : Ce fut fait à Gilliberviller, au palais, sous l'influence et la direction du prévôt Gautier *Factum est hoc apud Gilliberviler, in palatio, agente et suadente Waltero preposito* (*). Nous

(*) Archives de Lorraine. *Titres de l'abbaye de Beaupré.*

ne possédons aucun renseignement bien précis sur la structure de cette forteresse. Toutefois, nous savons que, située assez avant dans le parc, elle ouvrait ses hautes fenêtres sur toute la vallée. Des tours carrées, des fossés larges et profonds ajoutaient à la protection naturelle que lui accordaient la muraille du parterre, le ruisseau d'Haudonville et les eaux de l'Agne. A l'époque dont nous parlons, l'âge lui avait donné depuis longtemps les teintes grises et les parois moussues d'un vieux castel. Il était donc digne en tout point de l'humeur hautaine et impérieuse de ses puissants maîtres. Hâtons-nous de dire que ceux-ci n'en firent jamais leur demeure habituelle. Les hautes charges qui leur furent départies les obligèrent sans cesse à des déplacements inévitables en pareil cas. Admis ensuite dans les conseils intimes de nos ducs, ils durent, pour se tenir à proximité de leurs ordres, prendre leur domicile permanent dans l'un de ces somptueux hôtels qui décoraient autrefois l'ancienne capitale des Raoul et des René. La maison forte de Gerbéviller resta donc presque toujours confiée aux soins d'un concierge, chargé de veiller à la garde des prisonniers et à la conservation des archives. Comme toutes les demeures féodales, elle offrait un lieu de retraite aux serfs, qui dans le cas de guerre, s'y retiraient, avec leur pécule et leur butin le plus précieux. D'un autre côté elle était inviolable et mettait à l'abri de l'action judiciaire le coupable qui venait y chercher asile. Cette franchise était encore invoquée au XVIIe siècle. Ainsi, nous voyons, en 1645, un sieur Didier Renaud, jardinier à Monseigneur le marquis, refuser de payer une cotisation d'un resal imposée extraordinairement aux habitants, et se prévaloir de la franchise du lieu de sa résidence, pour repousser à coups de fourche les comptables assistés du sergent de ville, qui venaient exercer des contraintes. Le sieur Didier Renaud sut se rendre si redoutable, qu'il fit fuir les pauvres administrateurs. Tout honteux et pleins de crainte à la pensée du ressentiment de leur seigneur, ils s'empressèrent de décharger de son obligation ce preux et valeureux jardinier (*).

Ici viennent naturellement se placer quelques détails sur Gerbéviller, considérée comme ville de défense.

Dès l'époque des affranchissements, Gerbéviller était reléguée dans une enceinte fortifiée et munie de deux portes. Les vestiges en subsistent encore. L'une de ces issues, dite *porte du*

(*) Archives de Gerbéviller. *Comptes des commis de ville.*

Haut ou plus communément *porte Saint-Pierre*, empruntait son nom à sa proximité du faubourg Saint-Pierre. L'autre était appelée *porte du Bas*, *porte de l'Eau*, parce qu'elle regardait la rivière de l'Agne, dont les eaux coulent au nord-est de la ville en formant une triple haie liquide. Une petite statue de la Vierge, enchâssée dans la face extérieure de cette porte, l'avait fait aussi appeler *porte Notre-Dame*. Elle ouvrait d'ailleurs sur le faubourg de ce nom. Au-dessous de l'image de la madone régnait une galerie de laquelle les assiégés entraient en pourparlers avec les agresseurs. L'enceinte, qui reliait les deux portes du coté du levant comme celle qui allait de la porte Saint-Pierre au château, consistait en une muraille épaisse, fort élevée et garnie de meurtrières. Un fossé profond et large d'environ cinq mètres, en sillonnait le pied du midi au couchant. Au nord-est, le canal du moulin y suppléait. Chaque porte se trouvait couronnée par une tour d'où le guet se faisait aux époques d'invasion étrangère. La tour Saint-Pierre possédait un beffroy et une horloge. A une certaine distance de chaque porte, on avait planté en terre de gros pieux destinés à rendre plus difficile l'accès de la ville. La *rue de la Barre* perpétue encore parmi nous le souvenir de ces moyens de défense. Dès le XIIIe siècle, la garde se faisait à

Gerbéviller. Un titre du 6 mai 1285, émané du duc Ferry III, porte en effet « que Philippe de Gerbéviller, chevalier, est devenu son homme lige devant tous hommes et a repris de lui en fief et hommage sa forte maison et tout ce qu'il a à Dameleviêres, pour lequel fief *lui et ses hoirs doivent chacun un demy an de garde à Gileberviler* (*) » Les archers préposés à la conservation de la ville se réunissaient sur la place qui a conservé le nom de *place d'armes*. Il est probable que la maison du sieur Poitier, voisine de cette place et où se voit encore une galerie du XVe siècle, servait de résidence au gouverneur ou commandant militaire. Une ruelle prenait à l'est de cette habitation et aboutissait à un pertuis, sorte d'issue secrète qui permettait aux assiégés de communiquer avec l'extérieur de la ville, sans attirer l'attention des troupes ennemies. Une semblable ruelle longeait le mur sud du parterre du château et conduisait à une poterne qui ouvrait sur le sentier d'Haudonville. En 1696, les RR. PP. Carmes, établis à Gerbéviller, obtinrent, de Gaston de Tornielle, la permission de renfermer dans leur enclos ce vieux sentier de ville, alors bouché et rompu par la fermeture que lesdits religieux avaient faite de leur

(*) Bibliothèque de M. Noël. *Manuscrit Dupont.*

jardin (*). Dans la partie occidentale de Gerbéviller, en face du château, s'élevaient les halles destinées aux foires et marchés ainsi qu'aux assemblées de la communauté. Un carcan ou pilori en précédait l'entrée. Les jours d'affluence, on y exposait les malfaiteurs. Le terrain situé un peu au-dessous de la place et longeant le canal, était consacré aux réunions folâtres de la jeunesse du lieu. On y jouait à la paume et on y dansait à l'ombre des marronniers, sous les regards bienveillants des nobles châtelains (**).

Non loin de Gerbéviller, sur la rive gauche de l'Agne, dans un site complétement découvert, il existe une métairie appelée les Bordes. C'est dans ce lieu qu'antérieurement à l'organisation des communes, les seigneurs de Gerbéviller faisaient soigner leurs vassaux indigents et malades. La création des maladreries, ainsi se nommaient ces sortes d'hôpitaux, était, on le conçoit, le résultat de l'obligation où se trouvait le seigneur, de nourrir et de soigner ses serfs, son bien et sa propriété sous tous les rapports.

Nous pensons être agréable à nos lecteurs en leur faisant connaître les formalités étranges qui

(*) Archives de Lorraine. *Papiers des R. P. Carmes de Gerbéviller.*

(**) Archives de l'hôtel de Ville de Gerbéviller.

accompagnaient la séparation des ladres ou pestiférés.

« La journée, quant on les veult recepuoir, ilz viennent à l'Eglise, et sont à la messe, laquelle est chantée du iour ou autrement, selon la deuotion du curé, et ne doit-on point chanter des morts si comme aucuns curés l'ont accoustumé de faire, et le dimanche précédent le dict service, son curé le doit annoncer au prosne à son peuple, et l'amonestant de y assister et de prier Dieu pour le malade. Auquel seruice le malade doit estre séparé des autres gens et doit auoir son visaige couuert et embrunche comme iour des trespassés. Et ne doit point aller à l'offrande; mais les autres vont offrir pour lui. Après la messe, le curé doit auoir une pelle en sa main, et avec icelle pelle, doit prendre de la terre du cymetière, trois fois, et mettre sur la tête du ladre en disant : Mon amy, c'est signe que vous êtes mort quant au monde, et pour ce ayez patience en vous. Cela fait, le curé avec la croix et l'eau benoiste le doit mener à sa borde comme par manière de procession. Et quant il est à l'entrée de la dicte borde, le curé le doit consoler en disant : Mon amy, doresnavent demourez cy en paix en servant Dieu devostement; et ne vous déconfortez point pour quelque pauvreté que vous ays; car vous aurez tousiour bonne part à toutes bonnes prières, sainct et service, suffrages et oraisons qui se feront en l'Eglise : Priez Dieu aussi devostement qu'il vous doint grâce de tout soufrir et porter patiemment. Et si ainsi le faictes, vous accomplirez vostre purgatoire en ce monde et gagnerez paradis.

» Puis le curé luy commande ce qui s'ensuyt : Mon amy, gardez-vous d'entrer en maison nulle autre que en vostre borde ne de y coucher de nuyt, et si ne deuez entrer en molin quelconque. Vous ne regarderez en puis ne en fontaines. Vous n'entrerez plus en nul ingement. Vous n'entrerez plus en l'Eglise tandis qu'on fera le seruice. Quant vous parlerez à aucune personne, vous yrez au-dessoubs du vent. Semblablement quant vous rencontrerez aucunes personnes, vous vous metterez au-dessoubs du vent. Quant vous demanderez l'ausmône, vous sonnerez votre tartelle. Vous ne yrez loing de vostre borde sans auoir vestu vostre habillement de bon malade. Vous ne deuez boire à aultre vaisseau que au vostre et ne puyserez en puys ne fontaines, sinon en verres. Vous aurez tousiours deuant vostre borde une escuelle fichée sur une petite croix de bois. Vous ne passerez pour ne planche où il y ait appuye sans avoir mis vos gans. Vous ne devez aller nulle part hors que vous ne puissiez retourner coucher le soir en vostre borde, sans congie ou licence de vostre curé du lieu. Et si vous allez loing dehors par licence, comme dict est, vous n'yrez point sans avoir lettres et approbation de votre curé ou de ses supérieurs. A doncques le curé luy donne la bénédiction et le laisse en paix. (*) »

Le ladre, conduit ensuite en ladrerie avec l'assistance de son pasteur, avec porteurs de croix, de torches des morts et au son lugubre de la cloche tintante, était réputé mort et mis en terre. Sa femme pouvait alors se remarier, et, dans ce cas, elle avait sur le bien de son mari les mêmes droits que si le malade eût expiré dans son lit. On devine les débats qui pouvaient surgir dans le cas de guérison, si l'épouse avait trop prématurément convolé à un nouvel hymen.

(*) Coupures de Bournou. *Mémoire manuscrit de Florentin Thiériat.*

CHAPITRE III.

DE L'AN 1400 A L'AN 1500.

SOMMAIRE.

Les Bourguignons en Lorraine. Ruine de Gerbéviller. Son rétablissement par Jean de Wisse. Marques de haute estime données à Jean de Wisse par les ducs de Lorraine. Annexion de la terre de Romont à la seigneurie de Gerbéviller. Les habitants de Franconville obtiennent le droit de pouvoir cuire leur pain où bon leur semblera, et d'avoir chacun un four dans leur maison. Généalogie des Wisse. Comment Messire Huet du Châtelet devint seigneur de Gerbéviller.

A l'époque où commence ce récit, René, deuxième du nom, régnait sur la Lorraine. Ce prince, ne pouvant supporter les hauteurs du duc de Bourgogne, lui adressa un défi militaire, dans son duché du Luxembourg. Charles, qui ne demandait qu'à batailler, l'accepta de grand cœur, récompensa généreusement le hérault d'armes, et répondit qu'il serait bientôt en Lorraine. Il ne tint que trop bien sa promesse. Son arrivée fut la source des plus grands maux pour notre pays. La petite ville de Briey, qui se présentait d'abord à lui, ne fit qu'une très-faible résistance. Charles vint ensuite devant Pont-à-Mousson, dont le siège dura huit jours. Puis, à l'aide de différents détachements, il s'empara de plusieurs autres places. La ville de Charmes ne voulut jamais se rendre. Ayant alors été forcée, elle fut pillée, saccagée, brûlée, et sa garnison pendue aux saules du voisinage (*). Gerbéviller n'eut pas un meilleur sort. Quoique prise sans beaucoup de résistance de la part de ses habitants, elle fut impitoyablement livrée aux flammes, et comme dit la chronique « minse complétement à ruynes. » La présence des Bourguignons dura environ trois ans. Ils n'évacuèrent la Lorraine qu'à la mort du Téméraire, tué, comme on sait, dans l'étang Saint-Jean, devant Nancy, la veille des Rois 1476.

Quatre années après cet événement mémorable, Gerbéviller était encore presque désert. Ses murailles, jadis intactes, montraient toutes béantes les meurtrissures qu'y avait faites l'artillerie des Bourguignons. Des maisons, Gerbéviller n'en avait plus... Ce qu'on aurait pu

(*) Wilhelm. *Histoire abrégée des ducs de Lorraine*, page 66.

considérer comme telles, ne consistait guère qu'en des tronçons de murs enfumés, recouverts par quelques lambeaux de toiture. C'est là que ceux de nos pauvres aïeux qui avaient survécu au sac de leur bonne ville, s'efforçaient de faire revivre le foyer domestique. Trop attachés au sol qui les avait nourris, pour aller mendier l'hospitalité de l'exilé, ils puisaient ainsi dans le sentiment de l'amour du lieu natal, cette énergie de l'âme qui dompte la misère, le désespoir et jusqu'à la mort même.

A Messire Jean de Wisse, appartient l'honneur d'avoir relevé Gerbéviller de ses ruines Aussi humain que valeureux, ce noble chevalier prit en pitié l'extrême désolation des habitants de sa malheureuse terre. Bientôt, grâce à sa sollicitude et à son esprit de sacrifice, Gerbéviller déposa ses habits de deuil pour revêtir ceux dont jadis elle se parait aux plus beaux jours de sa splendeur. Les murailles et les maisons furent reconstruites tout à neuf. On vit la halle, écroulée sur elle-même, se redresser fièrement sous sa belle couverture de tuiles rouges. Jean de Wisse y consacra plus de 200 florins d'or du Rhin (*). Il édifia pareillement la chapelle castrale en face de sa maison forte, et fit bâtir le vaste corps de

(*) Le florin d'or valait 6 francs 80 centimes de notre monnaie.

logis occupé aujourd'hui par M. Collesson, régisseur des biens de l'ancien marquisat.

Devons-nous rapporter au siècle de Jean de Wisse la construction de la nef de l'église paroissiale? Tel n'est pas notre avis. Selon nous elle remonterait à des âges plus anciens. N'auraitelle pas, par exemple, suivi l'introduction des franchises à Gerbéviller. A cette époque, comme nous l'avons dit, les populations, heureuses d'un commencement d'existence, s'accrurent dans de grandes proportions, motif qui dut amener l'agrandissement des lieux consacrés au culte. Peutêtre même, la nef de l'église aurait-elle une antiquité égale à celle du chœur. Une considération assez puissante vient fortifier cette conjecture. Elle se tire de la disposition toute pittoresque des pièces de bois qui se voient sous les combles. Dans le cours de la période Romano-Byzantine (du IVe au IXe siècle), les architectes éprouvant d'immenses difficultés pour la construction des voûtes, préféraient laisser paraître les poutres qui soutenaient la toiture. Or, c'est ce qu'on remarquait encore à Gerbéviller, il y a une vingtaine d'années, avant la pose du lambris derrière lequel se cachent aujourd'hui ces poutres.

Jean de Wisse était un homme fort distingué pour son temps. Les ducs de Lorraine surent toujours faire le plus grand cas de ses services, soit comme guerrier, soit comme diplomate. Les hautes faveurs dont ils entourèrent constamment sa personne prouvent son grand mérite. Ainsi, par lettres du duc Jean, données à l'Aigle, le 19 janvier 1463, Jean de Wisse avait été fait bailli d'Allemagne. Il jouissait d'une égale affection dans l'esprit du duc Nicolas. Au mois de juin 1473, ce prince le charge d'aller, en son nom, *demander pour femme* Mlle Marie de Bourgogne, alors la plus riche héritière de l'Europe. Cette mission eut tout le succès désirable ; mais la veille du jour fixé pour les fiançailles, Nicolas mourut empoisonné, à l'âge de 25 ans. A une époque antérieure (1468), alors qu'il gouvernait en l'absence de son frère Jean II, occupé à guerroyer en Espagne, Nicolas avait déjà fait don à Jean de Wisse des biens de la succession de Godefroy de Bauzemont, mort sans héritiers directs. En 1469, le duc Jean lui céda pareillement tous ses droits en la terre de Romont, récemment confisquée sur Guerhens de la Rouche. Dix ans après, le duc René lui abandonna à son tour les droits qu'il avait sur cette même terre et seigneurie de Romont, par suite de confiscation sur Henry de Neuchâtel, convaincu de forfaiture (*). Enfin, comme prix de

(*) Il avait impunément envoyé devant Romont ses baillis et officiers, accompagnés d'une troupe de gens qui tirèrent des couleuvrines et jetèrent dans la place des bâtons

son dévouement inaltérable à ses maitres et surtout pour sa belle conduite à la bataille de Nancy, Jean de Wisse, par lettres du duc René, en date du 24 février 1477, reçut le titre et les insignes de bailli de Nancy (*).

Nous avons dit que l'une des servitudes imposées aux communes, lors de leur affranchissement, était la banalité. Le village de Franconville fut, sans doute, l'un des premiers de la contrée déchargés de ce joug. Voici, en effet, ce qu'on lit dans un acte daté du 17 décembre 1498 : Nous, Jean de Wisse et dame Catherine de Lénoncourt, notre épouse, nous portant fort de Messire Philippe de Herrange, chevalier, de Jacquet de Herrange, son frère et de Jean de Wisse, écuyer (parconniers), co-propriétaires de

de feu. Un pauvre homme, atteint par ces armes d'un nouveau genre, reçut le coup de la mort. Romont, forcée de se rendre, était ainsi passée des mains du duc René en celles du dit Henry de Neuchâtel. (Bibliothèque de M. Noël. *Manuscrit Dupont.*)

(*) Jean de Wisse ne recula jamais devant aucun sacrifice pour venir en aide à ses maitres. Ainsi, il alla jusqu'à engager ses terres, afin de procurer à René et à son successeur diverses sommes considérables. En 1485, nous voyons le duc Antoine mander à Gelé, son trésorier-général, de payer, pour prêt, à Messire Jean de Wisse, la somme de 7,800 francs 17 sous 4 deniers tournois. Une autre fois, c'est le montant de 1,000 florins d'or, dû à ce seigneur, qui l'avait avancé pour le rachat de plusieurs prisonniers. (Bibliothèque de M. Noël. *Manuscrit Dupont.*)

la ville de Franconville, accordons aux habitants du dit Franconville, ainsi qu'à leurs successeurs, le droit de pouvoir faire le pain où bon leur semblera et d'avoir chacun un four dans leur maison, si cela leur est agréable. En retour de cette concession, lesdits habitants et leurs successeurs seront tenus de payer chaque année, à toujours, aux seigneurs de Gerbéviller, 3 gros, monnaie coursable de Lorraine, pour chaque ménage. Cette obligation devra être acquittée le jour de la Saint-Martin d'hiver, sous peine du double. Le dit Jean de Wisse met en réserve qu'il retient la maison du four banal (*).

Il serait précieux de connaître ainsi, pour chaque commune, la suite des mutations apportées dans l'exercice des droits féodaux. On y trouverait matière aux plus piquants aperçus, relativement aux besoins mutuels des parties contractantes, à leur esprit de progrès ou de rétroactivité.

Jean de Wisse, le vainqueur des Bourguignons, le restaurateur de la ville de nos pères, n'était point le premier membre de sa famille qui eût possédé la terre de Gerbéviller. Plusieurs de ses ancêtres en avaient eux-mêmes été les seigneurs. Voici du reste leurs noms et leur filiation :

(*) Bibliothèque de M. Noël. *Manuscrit Dupont.*

Jean de Wisse, seigneur pour un quart de la terre de Gerbéviller, mort en 1427. Il laisse d'Isabelle de Preny, sa femme, quatre enfants.

Colin Wisse de Gerbéviller, bailli des Vosges, hérite du titre de seigneur de Gerbéviller. Il avait pour frères, Aubert et Arnould Wisse. Une sœur, Catherine de Wisse, fut mariée à Henry de Herrange. Colin Wisse mourut en 1444, laissant de Béatrix de Fléville, sa femme, trois fils, Jean, le héros de ce chapitre, Vautrin et Aubert Wisse.

Jean de Wisse tenait donc de ses pères un quart seulement de la seigneurie de Gerbéviller. C'est en 1485 qu'Hanneman et Wecker, comtes de Linange, lui vendirent, pour le prix de 9,000 florins d'or du Rhin, les trois quarts restants. Lesdits comtes de Linange s'étaient réservé la faculté de rachat, mais ils s'en départirent la même année. Remarquons, ici, que l'office de tabellion et clerc juré avait été conféré à Gerbéviller par un seigneur de la maison de Linange, nommé Raoul.

En 1486, Jean de Wisse donna sa fille, Magdeleine Wisse, en mariage à Huet, de l'illustre maison des Du Châtelet. Comme Magdeleine n'avait qu'un frère, Olry Wisse, qui mourut sans postérité, la terre de Gerbéviller passa ainsi au pouvoir de cette nouvelle famille.

On voit par le traité de mariage, daté du treizième jour d'octobre, que Jean de Wisse et Catherine de Lénoncourt, sa femme, donnent à leur fille pour dot, 3,000 francs 12 gros, monnaie coursable en Lorraine. 2,000 francs lui seront assignés, un an après la solennité, en bon pied de terre, de manière à lui former une rente annuelle de 200 francs. Quant aux autres mille francs, ils devront être convertis en une rente de 100 francs, payable seulement après le décès dudit seigneur et celui de sa femme. Huet, de son côté, assure à Magdeleine un douaire de 300 francs, monnaie de Lorraine (*).

(*) Bibliothèque de M. Noël. *Manuscrit Dupont.*

CHAPITRE IV.

DE L'AN 1500 A L'AN 1600.

—

SOMMAIRE.

Horrible famine suivie d'une grande peste. Fondation de l'Ermitage de Grandrupt. Légende de la Vierge de Grandrupt. Apparition des sorciers en Lorraine. Sévérité excessive déployée à leur égard. Jean Charme, Nicolas Pécheur, Jean Pécheur, Colette, sa femme, et Béatrix de Bonne, sont brûlés à Gerbéviller, comme coupables du crime de diablerie. L'épitaphe du prévôt Nicolas Chapelier. Héritiers d'Olry du Châtelet.

—

Les plus déplorables calamités signalèrent le commencement du XVIe siècle. Déjà, en 1480, l'hiver avait été rigoureux et la cherté des vivres excessive, à tel point que le resal de blé s'éleva de quatre gros ou deux sous six deniers à cinq francs, quarante fois sa valeur commune. De 1500 à 1505, la stérilité, causée par des pluies intermittentes, ramena de nouveau la famine.

Cette fois, le prix du blé se porta de 4 gros ou 2 sous 6 deniers le resal, à 10 livres ; c'était quatre-vingts fois sa valeur ordinaire. Des maladies, engendrées par une nourriture malsaine ou insuffisante, produisirent d'affreuses scènes de mortalité et moissonnèrent le tiers de la population. Cette cause morbifique était d'ailleurs presque permanente à Gerbéviller sous le régime féodal, qui laissait à peine aux habitants leur nourriture journalière. Les guerres de châteaux ravageaient les chaumières et détruisaient les récoltes. Aussi la vaste étendue des terres consacrées aux pâturages communs se changeait-elle en marais infects, qui ajoutaient aux premières causes de destruction l'influence mortelle d'un air corrompu (*). Tout, on le voit, concourait à fortifier les ravages des plus cruelles maladies. La peste fut si terrible que depuis, lorsqu'on voulait désigner une chose épouvantable, on la comparait à l'épidémie de 1505 (**). La tradition rapporte qu'il ne resta à Gerbéviller que quatre chefs de famille. Après la cessation du terrible fléau, ils se réunirent pour se concerter en un lieu connu alors sous le nom de *maix Babin*.

(*) C'est ainsi que se sont formés les étangs du *Fiscal*, de la *Reine*, du *Censal*, de *Falensey*, etc.

(**) Wilhelm. *Abrégé de l'histoire des ducs de Lorraine* page 79.

La petite communauté religieuse du prieuré fut moins heureuse encore; la peste *noire*, comme un ennemi impitoyable, moissonna tous ses membres. Il n'en resta seulement pas un pour prier sur la tombe des autres ! Comme ces moines avaient été chargés du service divin de la paroisse, l'église, à leur décès, demeura déserte et silencieuse comme un vaste tombeau. Elle ne fut rendue aux saintes pratiques du culte qu'à l'arrivée d'un nouveau pasteur des âmes, le premier probablement qui exerça le ministère comme curé.

Les forêts séculaires de la contrée n'avaient eu jusqu'alors d'autre prix aux yeux des habitants que de leur offrir un asile contre les invasions. L'extrême misère fit naitre l'industrie : la cognée abattit une partie de ces forêts où le loup et même l'ours avaient de nombreux repaires; le chêne donna des bois de construction, et le hêtre ces mille objets qui sont d'une utilité journalière à la campagne. Malheureusement bien des communes étaient privées de bois ; les seigneurs en ascensèrent alors moyennant certaines redevances. C'est ainsi qu'au mois de novembre 1505, Olry de Wisse concède aux habitants de Remenoville et Moranviller les deux bois du *Rouar des paires* (parts) et de la *petite Fillière*, situés sur le territoire de Gerbéviller. Entre autres conditions, chaque ménage devait rendre tous les ans deux bichets d'avoine au seigneur concessionnaire. Un seul bichet était exigé des femmes veuves (*). L'année précédente, le même Olry de Wisse avait fait à Haudonville l'abandon du *bois banal*, moyennant la rétribution d'un resal d'avoine par ménage. Cette redevance se paie encore aujourd'hui. L'acte de transaction porte que « *nul ne pourra avoir pasture sur le dict bois ou partie d'iceluy* (**). »

Dans le malheur, avons-nous dit quelque part, les esprits sont spécialement tendus vers les idées religieuses. La vie ascétique se présente alors avec ses mystérieuses voluptés comme une de ces délicieuses avenues qui font rêver aux choses invisibles, en même temps qu'elles procurent au corps et à l'esprit le plus indicible repos. Tous les âges de tourmente ont fourni le spectacle d'âmes ainsi entrainées, par un revirement subit, vers une nature d'aspirations qu'il n'est donné qu'à un petit nombre d'hommes de comprendre. Au commencement (1505) de l'extrême misère qui ouvrit si douloureusement le XVIe siècle, Gerbéviller offrit un exemple édifiant de ce fait, dans la personne de Jean Huet.

(*) Archives de la commune de Remenoville.
(**) Archives de la commune d'Haudonville.

Jean Huet était riche. Depuis son enfance, il s'était vu entouré de gloire et d'honneur. Cependant son cœur restait vide, de ce vide que causent des désirs inquiets et inexpliqués. Tout à coup la vue de la désolation qui frappe ses concitoyens est pour lui un trait de lumière. Il comprend que le suprême bonheur n'est que dans l'esprit de sacrifice. Réalisant aussitôt ses grands biens, il en fait deux parts : l'une est destinée aux malheureux ; l'autre, à l'édification d'un lieu de retraite pour les âmes prises du saint désir de la vie contemplative. Il fonde ainsi l'ermitage de Grandrupt. La vallée froide et peu découverte qu'il choisit pour cet objet, était parfaitement appropriée à sa destination. Un ruisseau, par son doux murmure, en troublait seul la solitude. La maison, élevée avec un certain luxe pour l'époque, reçut quatre ou cinq religieux sans y comprendre les frères convers. Tous pratiquaient l'esprit de mortification et de retraite. Néanmoins chaque année, au jour de la Sainte-Anne, l'ermitage ouvrait ses portes aux populations du voisinage. C'était l'époque fixée pour le rapport. L'affluence était grande. La joie se peignait sur tous les visages. Jeunes et vieux, en habits de fête, visitaient religieusement la chapelle, devisaient discrètement sur la sainteté des frères tout en prenant leur repas frugal sous les arbres du verger, et ne reprenaient le chemin du logis qu'après avoir consacré une partie des épargnes de la semaine à l'acquisition de quelques objets bénis. Alors les danses n'étaient point encore venues mêler leur influence mondaine au calme de la prière et à la simple majesté des vertus champêtres.

Voici, au sujet de l'ermitage de Grandrupt, une petite légende qu'on nous a racontée.

Le matin d'un beau jour de mai, quand toute la campagne et jusqu'aux plus humbles buissons jettent au passant les plus odorants parfums, un des ermites trouva près d'une source voisine, et couchée à l'ombre d'un groseillier, l'image en pierre de la Mère de Dieu. Son premier mouvement, on le devine, fut de la prendre dévotement dans ses bras, et de la transporter à l'église de la communauté. Mais qu'on juge de la surprise des frères, le lendemain à l'heure de l'office : la niche était restée vide, la statue avait quitté sa retraite pour venir reprendre sa première place. Ce miracle fit comprendre que la volonté de la Reine des Anges était de couvrir de son patronage la bienheureuse source, témoin de ce prodige. On s'empressa alors d'élever sur le lieu même la modeste chapelle qui se voit encore aujourd'hui. Depuis cette époque, des malades n'ont pas cessé de venir, avec un doux sentiment d'espérance, puiser aux eaux de la Vierge de Grandrupt. Les jours réservés à Dieu, les mères pieuses, roulant dans leurs doigts les grains d'un rosaire, viennent à leur tour offrir à la bonne madone l'enfant qui fait leur joie et leur sollicitude.

Cette histoire n'eût-elle d'autre moralité que d'exalter le culte de la Vierge, je la tiendrais pour la plus belle page de mon livre. Au seul point de vue philosophique, l'amour de Marie m'a toujours paru la plus sûre garantie de l'affection des jeunes âmes pour leurs propres mères. L'auteur d'*Emile* a écrit qu'un enfant qui jusqu'à vingt ans a conservé son innocence, est, à cet âge, le plus aimant et le plus aimable des hommes (*). Nous en dirons autant, sans craindre d'être démenti, de celui qui a gardé dans son cœur le délicieux sentiment de l'amour maternel. L'enfant qui aime sa mère n'aura que des passions tendres et affectueuses. Bien différent de ces esprits légers qui blâment et raillent sans cesse, il saura surtout rendre hommage à ce qu'il y a de vénérable chez la femme, cette pure et noble compagne de l'homme, si forte quelquefois, souvent si accablée, toujours si résignée, presque égale à l'homme par la pensée, supérieure à l'homme

(*) J.-J. Rousseau. Emile, liv. IV.

par tous les instincts mystérieux de la tendresse et du sentiment, n'ayant pas à un aussi haut degré, si l'on veut, la faculté virile de créer par l'esprit, mais sachant mieux aimer; moins grande intelligence peut-être, mais à coup sûr plus grand cœur (*). Or, une telle appréciation de ce qu'il y a de tendre, de compatissant, d'affectueux chez la femme, ne se rencontrera jamais que dans le meilleur des époux et le plus généreux des hommes.

Ce n'était point assez que la misère et les maladies accablassent nos malheureux pères. Il fallait encore qu'une ridicule infirmité de l'esprit du temps vînt jeter l'effroi et poursuivre, par la crainte des plus grands tourments, la vie si désolée de nos ancêtres. Nous voulons parler de la croyance aux sorciers (**). Déjà, dans le XIIIe siècle, les guerres de religion et le fanatisme que l'Eglise a toujours eu en horreur, faisaient

(*) V. Hugo, *discours prononcé à l'Académie française, lors de la réception de M. Saint-Marc Girardin.*

(**) Dans les lignes qui vont suivre, nous ne prétendons mettre en doute ni l'existence ni le pouvoir de l'ange des ténèbres. En guérissant des démoniaques notre Sauveur a établi le fait de la possession des âmes par le démon, résultat d'ailleurs aussi logique que celui de la possession des esprits par le génie du bien. Nous avons donc simplement voulu jeter le blâme sur l'abus déplorable qu'un siècle intolérant a fait d'une croyance au sujet de laquelle l'Eglise recommande la plus grande circonspection.

voir des maléfices partout. Le diable n'existait pas seulement dans les esprits malades, il allait jusqu'à étaler sa hideuse personne sur les vitraux, dans les sculptures et les peintures des églises (*). Mais c'est surtout à l'époque qui nous occupe que la croyance aux sorciers, aux devins, aux farfadets, aux génoncheries, au sabbat, aux vampires, aux apparitions d'esprits, aux soutraits, fit le plus de ravages (**). On prêchait

(*) Voir, par exemple, la fresque de l'église Saint-Epvre de Nancy et le portail de l'ancien palais ducal.

(**) *Triage* vient de *striga* (basse latinité), qui signifie sorcière, empoisonneuse; *genocherie*, de *gynosco*, par contraction de gyronosco, connaître l'avenir par le rond et la baguette. On dit encore en patois *genot* pour sorcier, devin, magicien.

Le *sabbat*, auquel tous ceux qui avaient fait pacte avec le diable, étaient obligés de se rendre, doit remonter à une certaine antiquité, puisque saint Augustin en fait déjà mention. Voici, sur l'origine de ces assemblées, une opinion peu connue et qui semble parfaitement en expliquer le but primitif.

Les peuples d'origine celtique attribuaient à la lune une grande influence sur toutes les parties de la terre. Le sixième jour du croissant, au dire de Pline, était appelé par eux le jour qui guérit tout, et dans ce jour respecté de la pleine lune, ils sortaient de leurs demeures toute la nuit, pour honorer l'astre favorable par des danses et par des chants. L'usage était de se rendre à ces assemblées religieuses avec des flambeaux allumés, qu'on déposait sur le bord des fontaines, auprès d'un arbre chargé de feuillage, et quelquefois encore sur une pierre consacrée, comme si l'on avait voulu rendre ainsi un mystérieux hommage aux

partout cette sentence du Lévitique qui dévoue à la mort l'homme ou la femme possédés de l'es-

. . . .

clartés célestes qui faisaient pâlir les feux de la terre. Cet usage se perpétua d'âge en âge, malgré les rites du paganisme introduits dans les Gaules, malgré les cérémonies du culte chrétien qui leur succédèrent. Voués à leur ancienne religion, persévérant dans leurs usages, les Druides renouvelaient leurs assemblées, malgré les défenses expresses des canons de l'Eglise; enfin, un capitulaire de Charlemagne parut, qui ordonnait irrévocablement l'abolition des promenades nocturnes où l'on venait, par respect pour la tradition, renouveler un religieux hommage à l'astre vénéré de nos ancêtres.

Un autre capitulaire déclarait sacrilège tout curé qui ne s'opposait point à ce culte des objets de la nature. Ainsi que cela devait arriver, ces défenses impérieuses excitèrent le zèle de quelques anciens sectateurs du druidisme. Alors, on vit se renouveler plus que jamais ces mystérieuses solennités où les anciens dieux étaient adorés à la lueur des flambeaux. C'était dans les campagnes les plus désertes, souvent au sein des montagnes, qu'on allait offrir des sacrifices, et qu'on remit en honneur d'antiques usages, que le peuple traita de cérémonies magiques parce qu'elles étaient étrangères aux rites qu'il pratiquait. Les adorateurs de Teutatès reçurent le nom de sorciers. Les assemblées nocturnes où ils honoraient la nature devinrent un horrible sabbat, où Satan répandit son esprit de vertige sur ceux qui lui rendaient hommage. Les danses sacrées qui terminaient ordinairement ces assemblées religieuses servirent merveilleusement les récits que la haine dictait. Les jeunes druidesses, vêtues de longues robes blanches, qu'on avait vues durant les nuits, dans la campagne, devinrent des magiciennes ou des fées, que le peuple implorait et qu'il redoutait tour à tour. Il faut l'avouer, de toutes les origines du sabbat, celle-

prit de divination : « *Vir sive mulier in quibus pythonicus vel divinationis fuerit spiritus, morte moriantur ; lapidibus obruent eos, sanguis eorum sit super illos levis*. Cap. 20. » En 1540, une sécheresse excessive, attribuée aux sorciers, augmenta encore beaucoup la crainte qu'ils inspiraient. On redoutait surtout les partisans de la réforme. Aussi, en 1552, lors du passage des troupes allemandes, conduites par le duc Albert de Brandebourg au siége de Metz, troupes qui suivaient les principes de Luther, la panique alla jusqu'au comble du délire. Les soldats d'Albert n'étaient rien moins que des magiciens, des sorciers qui jetaient des maléfices à l'aide de poudres noires et grises. Nos bons aïeux, pour n'être pas confondus avec les mécréants, loups-garoux, maléficiers que la guerre sur les frontières pouvait amener dans le pays, portaient tous sur leurs vêtements une double croix jaune fort apparente. Cette distinction fut même imposée par ordre du jeune prince Nicolas de Lorraine, tuteur de Charles III ; l'ordonnance est datée du 16 juin 1557. Bref, et cela devait arriver, la croyance aux sorciers, aux en-

ci nous semble et la plus poëtique et la plus vraisemblable. (Ferdinand Denis. *Tableau historique, analytique et critique des sciences occultes*).

chanteurs, aux magiciens, les fit naître. Aussi n'était-il pas rare de voir des gens venir s'accuser d'être possédés du diable, coupables d'avoir fait un pacte avec lui et d'être allés au sabbat (*). Témoin ce chevalier Romaric Bertrand, qui « advouat que, par malengin et sorcellerie du diable, avait mis à mal maintes filles et femmes, en tant que naguères, en certain jour, de la minuit à la deuxième heure, avait, en joyeuses amour et accointances de femmes, que *furent dix-huit de bon nombre*, etc. » En tout temps, on l'avouera, un tel homme pourrait passer pour sorcier. Cette cohabitation des sexes explique probablement pourquoi on trouve toujours un bien plus grand nombre de sorcières que de sorciers. A Thann, sur cent cinquante-deux victimes, on compte huit hommes seulement et cent quarante-quatre femmes. A Schelestadt, en cinq ans, on brûla cinq hommes et soixante-sept femmes. Sur onze exécutions, tant à Haudonville qu'à Gerbéviller et Moriviller, on compte sept femmes. Le nombre des condamnés en Lor-

(*) On connait aujourd'hui la plante dont les prétendus sorciers se servaient pour se procurer un sommeil turbulent et illusoire : c'est le *Stramonium*. L'usage de cette plante, en excitant vivement l'imagination, faisait croire à quelques malheureux qu'ils avaient réellement assisté au sabbat. Voir, dans Gassendi, l'expérience qu'il rapporte relativement aux effets prodigieux des onctions magiques.

raine fut infini, puisqu'un seul juge, le frénétique Remy, se fait gloire d'avoir envoyé au supplice plus de neuf cents victimes. Cela n'a rien d'étonnant, car les bonnes âmes croyaient avoir fait l'acte le plus louable du monde lorsqu'elles avaient contribué à l'arrestation d'un sorcier; la délation venait donc ainsi en aide à la présomption naturelle des juges. En général, les prétendus sorciers étaient uniquement immolés à la haine de leurs ennemis : la Pucelle d'Orléans le fut à celle des Anglais ; Grandier, ce malheureux curé de Loudun, accusé d'avoir ensorcelé une communauté de religieuses, le fut à celle du cardinal Richelieu; et le jésuite Girard, absous à la majorité d'une voix sur vingt-quatre, pensa être sacrifié au courroux des jansénistes. D'ailleurs, l'accusation de sorcellerie emportait la confiscation des biens, moyen infaillible de trouver des victimes. On faisait à la pudeur des femmes les plus honteux outrages ; on les rasait, on les épilait. Cette opération passait pour être fort désagréable au malin esprit, qui avait coutume, disait-on, de se loger *intra pilos et capillos*. La plus légère cicatrice, quelle qu'en fût la cause, était un signe certain de cohabitation avec Satan (*). Un accusé persistait-il à suivre un sys-

(*) Au sabbat, le démon recevait ses prosélytes en les

tème de dénégation? l'exécuteur des hautes-œuvres, agitant d'un air terrible les croisillons et les cordelettes destinées à étreindre chacun des membres de la victime, savait bien en obtenir les aveux les plus explicites. En vain elle invoque l'humanité, la religion de ses juges ; en vain elle rejette sur la violence des tourments la calomnie que l'on veut arracher à sa faiblesse : un redoublement de douleur vient seul répondre à sa supplication. Ses membres engourdis par la compression ont-ils perdu toute sensibilité? le bourreau sait les ranimer par un raffinement de barbarie, il les disloque aux cris du tourniquet (*)!!

pinçant fortement sur quelque partie du corps. C'était la marque de sa prise de possession.

(*) C'est devant la porte principale des églises et en présence du peuple que l'on rendait la justice, comme anciennement on le faisait aux portes des villes. On peut juger du respect que ce prétoire devait inspirer au peuple, et surtout du caractère divin imprimé aux jugements ainsi prononcés en face des autels. Quant aux exécutions, elles se faisaient près d'Haudonville, au lieu dit, *la Justice*.

On voit dans *le registre des lettres patentes* qu'à la date du 1er mars 1512, permission fut donnée à Olry Wisse, seigneur de Gerbéviller, à dame Bayer de Boppart, seigneur de Châteaubrehain et à messire Henry de Barbas, de faire dresser un signe patibulaire au lieu de Gerbéviller. *Archives de Lorraine.* Il est donc raisonnable de croire que la justice se faisait aussi à Gerbéviller même, au *pâtis d'Ohy* (d'Ocey), par exemple, ou sur la *place de Grève*. (Voir le plan de la ville).

Voici les noms des malheureux exécutés à Haudonville et à Gerbéviller pour crime de diablerie.

Jean Charme, brûlé en octobre 1581 ;

Nicolas Pécheur, brûlé en 1585 ;

Jean Pécheur, brûlé le 4 des nones de mai 1585 ;

Colette, sa femme, brûlée le même jour et la même année ;

Béatrix de Bonne, brûlée le 4 des nones d'août 1585 ;

Marguerite Mourel, de Haudonville, brûlée à Lunéville, en 1581 ;

Léonard Hardier, brûlé à Lunéville, en 1581 ;

Annon Mourel, brûlée à Lunéville, en 1581.

Eh ! quels sont enfin les crimes imputés à ces infortunés? *leurs rencontres avec Satan, dont ils doivent décrire la forme, les vêtements, la luxure; leur admission au sabbat; les complices qu'ils doivent révéler, fussent-ils déguisés comme en carême-entrant. L'un est prévenu de la mort d'une vache au pâturage et de la maladie de son voisin; un second, de la colique d'une jeune fille; un troisième, de la perte du lait d'une nourrice;* enfin *un quatrième,* (et c'était le plus coupable, je pense), *d'avoir été au sabbat, monté sur un bouc noir ou un manche à balai.* Jean Pécheur, entre autres crimes, fut accusé d'avoir revêtu le corps du diable et pris les dehors de différents animaux. Quand il gardait la forme humaine, c'était toujours avec des mains et des pieds armés de serres, comme ceux des oiseaux de proie. Quoiqu'absente de Gerbéviller, Colette Pécheur avait enlevé un œil à son concitoyen Claude Jacquemin, déjà privé de l'autre œil. Questionnée, Colette avoua ingénument ce fait, dont elle rapporta toute la puissance à Satan, son maître. Par l'intervention du diable, et pour se venger d'une injure qu'elle avait reçue de Pétronie Maxent, Béatrix de Bonne obtint également la mort d'un enfant de sa rivale.

Aux calendes de juillet 1587, on brûla à Velle-sur-Moselle une nommée Catherine Ruffe, accusée de pénétrer sous la forme du chat, dans les maisons, où, par l'effet d'une certaine poudre, elle causait la mort des enfants. Un jour, cette sorcière déposa sur le chemin de Gerbéviller une poire préparée. Un passant, qui la vit, l'ayant portée à ses lèvres, tomba aussitôt comme frappé de mort subite. C'est à peine si ses jambes permirent à ceux qui survinrent de le ramener à la maison (*).

(*) N. Remy. *Dæmonolatreiæ*, édition latine de MDXCV, que nous avons consultée chez M. Noël. Voir, pour les faits cités, les chapitres VII, IX et XV du livre II. Voir aussi l'ou-

Les faits de sorcellerie dont nous venons de parler s'accomplirent sous le règne de très-haut et très-puissant seigneur Messire Olry Duchâtelet. Il fut secondé dans l'administration de ses prérogatives de haut justicier par un prévôt qui a laissé de son zèle et de son intégrité un témoignage des plus vénérables. C'est l'épitaphe même gravée sur la pierre tumulaire, qui, depuis trois siècles, recouvre ses cendres (*).

IE - QVI - CI - DESSOVS - REPOSE
LE - PROVOST - NICOLAS - CHAPELIR
A TOUS - VIVANS - IE - PROPOSE,
SOIT - NOBLE - MARCHANT - OV - AVTRE,
QVIL - FAVLT - SVIVRE - LE - SENTIER
DE - MORT - AFIN - DE - PARVENIR
A - IESUS - LA - VRAIE - VERITE,
LE - SEVL - CHEMIN - QVIL - FAVLT - TENIR
POVR - SALVT - ET - FELICITE.

vrage de M. Dumont, de Saint-Dié, sur la jurisprudence criminelle en Lorraine.

(*) Cette épitaphe, en caractères saillants, se lit sur la face extérieure du mur de l'église, qui regarde le cimetière. On y trouve aussi l'inscription suivante : *Cy devant gist honnorable femme Anne Chapeilier.. vante jadis vefve de fut Martin Gerberon vivant prevôst à Gerbéviller depuis relicte fut honnorable Mr. Nicolas Flory luy vivant chirurgien a fut son altesse et de Monseigneur le duc du Mayne laquel deceda en l'an 1611 le 28 septembre. Prions Dieu pour son âme.*

BON - SERVITEVR - IE - SVIS - ESTE
PAR - SOIXANTE - ANS - EN - CE - LIEV - CI ;
ET - TEL - QVE - MONT - COGNIV - ESTRE
MES - TROIS — SEIGNEVRS - DES - QVELS - ORRI
DV - CHATELLET - DERNIR MAISTRE
A COMMANDE - ICI - ME - METTRE.
ET - IOISSANT - DES - BIENS - TRES - HAVLT
SA - PARTIE - ET - MA - MAITRESSE
ISSVE — DV — TROVQ — DE — SPEAVLX
POVR - MA - VERTV - ET - ADRESSE
NE — VEVLT — QVE — MON — RENON — CESSE.

A sa mort, Olry Duchâtelet laissa de son épouse Jeanne Scépaud, Christine-Claude et Anne Duchâtelet, qui héritèrent de ses grands biens. Christine, baptisée en novembre 1562, avait été tenue sur les fonts sacrés par le prince Nicolas de Lorraine; Christine, reine de Dannemarck, douairière de Lorraine; et Claude de France, épouse du prince Charles, alors régnant. A l'âge de dix ans, elle fut remise à titre de fille d'honneur entre les mains de Mesdames de Lorraine. Dans la suite, elle épousa Messire Jean d'Haussonville, chevalier, baron dudit lieu, seigneur d'Ormes, de Saint-George et premier pair de l'évêché et comté de Verdun, gentilhomme ordinaire de la chambre du roi de France, capitaine de cinquante hommes d'armes de ses ordonnances, maréchal de camp en ses armées, gouverneur pour sa majesté audit Verdun, et son lieutenant-général au pays Verdunois. Il fonda la chapelle collatérale de l'église qu'avait fait bâtir Jean de Wisse. Ses cendres y reposent avec celles de son épouse.

Quant à Anne Duchâtelet, elle prit pour époux, en 1590, Joachim-Charles-Emmanuel comte de Tornielle, qui, à la mort du seigneur d'Haussonville, demeura seul possesseur de la terre de Gerbéviller.

CHAPITRE V.

DE L'AN 1600 A L'AN 1700.

SOMMAIRE.

Les Tornielle, héritiers de la terre de Gerbéviller. Illustration de cette famille. Fondation du couvent des RR. PP. Carmes déchaussés. Christine-Claude Duchâtelet. Erection de la terre de Gerbéviller en marquisat. Précautions sanitaires à l'approche de la contagion. Incendie de la tour Saint-Pierre. Charles IV à Gerbéviller. L'an 1635, de douloureuse mémoire. Vaimbois. Moranviller. Charges et contributions imposées à Gerbéviller pendant la seconde moitié du XVIIe siècle. Gaston-Jean-Baptiste de Tornielle. Comment, grâce à sa libéralité, les Religieuses de la Congrégation s'établissent à Gerbéviller. Il dote la communauté d'un auditoire et d'une prison civile. Rétablissement des halles en 1691. Sollicitude de Gaston de Tornielle et de son épouse, Charlotte d'Estournel, pour leurs sujets. Dernières années de Gaston de Tornielle. Le Frère George Malglaive.

Nous venons de voir par quelle filiation la terre de Gerbéviller tomba au pouvoir des Tornielle.

Charles-Emmanuel, l'héritier d'Olry Duchâtelet, était comte de Challant, Solarol, Brionne, baron et seigneur de Bauffremont, Bulgnéville, Deuilly, Romont, Bauzemont, etc., conseiller d'Etat de Son Altesse; grand-maitre de son hôtel et surintendant de ses finances.

La famille des Tornielle, originaire de Novare en Italie, vint s'établir en Lorraine dans la personne de Charles de Tornielle. En tout temps, elle s'allia aux maisons les plus nobles de l'Europe et occupa les plus hauts emplois. Ainsi, vers 1250, elle donne pour épouse à l'empereur Frédéric II, Agnès de Tornielle, qui fut mère du prince Manfride, roi de Naples. Victoria de Tornielle sortait de la même maison; elle mit au monde le pape Alexandre VIII. Les Visconti, les Bentivoglio, les Cassara, les Blandrati, les Primentel, cette fine fleur de l'aristocratie milanaise, ont toujours tenu à l'honneur de pouvoir s'unir aux Tornielle. Philippe de Tornielle, général des armées de l'empereur Charles V et de Ferdinand Ier, épousa Antoinette de Gonzague. Parmi ses évêques distingués, l'Eglise compta plusieurs Tornielle. En 1478, Paganis de Tornielle mourut en réputation de sainteté. Au commencement du XVe siècle, l'Ordre de Saint-François avait pour vicaire-général, Jérôme de Tornielle, auteur distingué, et dont on cite surtout, comme dignes de l'attention des théologiens, les *Sermons sur les figures de la Bible.*

Les armes de Tornielle étaient de gueule à l'écusson d'argent, chargé d'un aigle de sable accolé d'une couronne d'or ; le tout entouré de deux couges de sable (*).

C'est à la grande générosité de Charles-Emmanuel de Tornielle, mais surtout à celle de sa belle-sœur, Christine Duchâtelet, alors veuve du sire d'Haussonville, qu'est dû l'établissement à Gerbéviller des RR. PP. Carmes. « Portés, dit en parlant des fondateurs l'acte d'érection, daté du 19 février 1618, portés et mus d'un zèle et affection à la gloire de Dieu, à l'avancement et augmentation de sa sainte Eglise et d'une dévotion particulière à la Bienheureuse Vierge Marie ; ayant aussi mis en considération qu'en toutes leurs terres et seigneuries de Gerbéviller, Romont et lieux circonvoisins, se trouvent peu de gens d'église pour instruire et enseigner leurs sujectz et autres voisins ; désirant, autant qu'il leur est possible, leur salut ; portez d'ailleurs de piété et dévotion envers les Religieux de la Congrégation de Saint-Elye, Ordre de Notre-Dame du

(*) Ancienne chevalerie de Lorraine. *Manuscrit de la Bibliothèque de M. Noël.*

Mont-Carmel, appelez Carmes deschaussez; et afin d'être et leurs successeurs plus singulièrement recommandez en leurs bonnes prières et dévotions et les inciter au souvenir de leurs prédécesseurs trespassez, ont lesdits seigneur et dame donné et donnent par ces présentes, par pur et irrévocable don, au Révérend D. Bernard de Saint-Joseph, provincial commis et député au pouvoir du Révérendissime général de la même Congrégation, assisté du Révérend Père Jean-Maurice de Saint-George, prieur du couvent de Nancy, et du Révérend Père César de Saint-Joseph, définiteur en cette province, présents et acceptant pour eulx et leurs successeurs dudit Ordre de Saint-Elye, savoir : l'église de la ville de Gerbéviller, appelée communément l'église du Château, avec les maisons joindantes icelle dite *des Héritiers*, entre Philippe Gauthier d'une part et le chemin tirant à la halle d'aultre, appartenant audit seigneur comte seul; plus, ont donné et donnent conjointement les jardins de la poterne, contenant environ 5 jours 1/2 (*), ainsi que leur ont été désignés, avec la maison

(*) En 1791, lors de la vente des propriétés ecclésiastiques comme biens nationaux, le jardin des PP. Carmes contenait 5 jours 2 hommées. Un vaste souterrain le reliait à travers la rue et la maison du sieur Chabert, au bâtiment même des religieux.

de Demange P^{on} bouchier, demeurant à Gerbéviller, joindant celle déclarée ci-devant, pour y construire et édifier un monastère, dortoir et autres commodités nécessaires à loger nombre de religieux suffisant pour faire et célébrer à perpétuité le saint service, selon qu'ils ont accoutumé, et que leur règle les y oblige... » (*).

Les fondateurs se chargent, pour une fois, de tous les frais de construction, de l'achat du mobilier, de celui des ornements d'église, et en général de tout ce que réclame la destination même de l'établissement. Ils se réservent la faculté de pouvoir édifier une chapelle en regard de celle de la dame d'Haussonville (**). Cette chapelle, ajoute le titre de fondation, entrera en partie dans la maison dite *des Héritiers*. De plus, comme il est impossible aux RR. PP. qui seront envoyés à Gerbéviller, de trouver dans la mendicité des ressources en harmonie avec leurs propres besoins; comme d'ailleurs la vie de mendiant ne pour-

(*) Le couvent eut sa prison. Elle était inaccessible à la lumière. Une ouverture pareille à la bouche d'un four lui servait d'entrée. Le religieux coupable de quelques fautes graves devait ainsi ramper à terre pour se rendre à ce lieu d'expiation. (*Communication de M. Collesson.*)

(**) Cette dernière n'est autre que la nef de l'église actuelle du Château.

rait que détourner les bons Religieux de l'observance de leur règle, et nuire à l'accomplissement des pratiques pieuses de l'Ordre, ledit seigneur comte et la dame d'Haussonville donnent et assignent irrévocablement à la future communauté une rente annuelle et perpétuelle de 2,540 francs, à prendre sur les revenus de leur terre de Gerbéviller et de Romont. Dans cette somme, 1,540 francs sont attribués à la dame fondatrice, et les 1,000 francs restants à Charles-Emmanuel de Tornielle. Les donateurs se réservent de racheter à leur gré ces deux rentes, par des capitaux respectifs de 15,000 francs et de 22,000 francs; en tout 57,000 francs. De plus, Charles-Emmanuel promet de faire réunir à la présente fondation les revenus de la chapelle du Saint-Sacrement, érigée dans ladite église. Il assure aux RR.PP. à titre de garantie, une quantité de grains d'une valeur égale auxdits revenus. Toutefois, il attache à cette nouvelle libéralité la condition que le service ordonné par le fondateur sera fidèlement continué. Comme dernière marque de sollicitude, Charles-Emmanuel et la dame d'Haussonville mettent, pour chaque année, à la disposition de la communauté naissante, une portion de bois de la contenance de 4 jours, à prendre dans leurs forêts.

De leur côté, les RR. PP. Carmes promettent de continuer, à perpétuité, le Saint Sacrifice dans ladite église de Gerbéviller, et suivant tous les désirs exprimés par les deux fondateurs. Ils prennent en outre l'engagement de célébrer chaque année 5 messes hautes à l'intention de Charles-Emmanuel, et 2 messes basses par semaine, au jour qui leur conviendra, pendant la vie du seigneur comte et celle de son épouse. Après le décès des nobles personnages, ces dernières messes se diront aux jours de l'anniversaire. Quant à la dame d'Haussonvillle, les PP. Carmes lui assurent, dans la chapelle érigée par ses soins, 3 messes hautes chaque année, et tous les jours une messe basse. Cette dernière, après le décès de ladite dame, se continuera à perpétuité, tant pour le repos de son âme que pour celui de son époux. Christine-Claude Duchâtelet, ayant enfin attribué 340 francs au luminaire de sa chapelle et à l'entretien d'une lampe ardente devant l'autel du Saint-Sacrement, veut que les litanies de la Vierge soient récitées tous les soirs devant ledit autel.

« Entendent aussi, lesdits seigneur et dame fondatrice, participer aux prières, suffrages et oraisons, qui se feront par lesdits Religieux présents et advenir, lesquels auront aussi en recommandation les âmes de leurs prédécesseurs trespassez et le soing de leurs successeurs et de leurs subjects, à chose que concourent la gloire de Dieu et leur salut particulier, et feront aussi les prières accoutumées à l'Eglise pour tous les vivants et trespassez (*). »

Christine-Claude Duchâtelet ne borna pas ses bonnes œuvres aux fondations pieuses dont il vient d'être parlé. Nous trouvons encore dans son testament les preuves suivantes de sa sollicitude pour tout ce qui touche au service des autels :

« Je donne ma robe de toile d'or incarnat et blanc et plusieurs autres pièces de toile d'or rouge, mes robes de velours incarnadiés et violet avec le ciel de toile d'or de velours cannelé, pour faire des chasubles et ornements d'église à l'usage des RR. PP. Carmes.

Je veux qu'il soit acheté du damas blanc, du velours noir, damas rouge et blanc, pour faire quatre chapelles complètes et les devant-d'autels; qu'il soit aussi acheté un calice, un ciboire, en-

(*) Archives de Lorraine. *Titre des RR. PP. Carmes.* — L'acte de fondation des Carmes de Gerbéviller fut passé pardevant Bastien Poirot, tabellion juré au duché de Lorraine, demeurant à Nancy. Assistèrent comme témoins, noble Adam Arnoult, conseiller d'Etat de Son Altesse, demeurant à Mirecourt; Paul Thouvenel et Claude Cuny, de Gerbéviller.

censoir d'argent, et que le tout soit employé pour orner et servir à l'église où lesdits religieux feront l'office, que j'entends devoir être à la neuve église dudit Gerbéviller ou à la chapelle que j'ai bâtie outre ce que j'y ai déjà donné.

J'ordonne que dès le jour de mon trépas, jusqu'à l'heure de mon enterrement, soit célébré chaque jour 3 messes, et veux que tous les prêtres qui se présenteront pour dire messe et prier Dieu pour le repos de mon âme, soient reçus et distribués à chacun d'eux 1 franc, et pour les Vigiles, ce qui se trouvera raisonnable. Aux pauvres qui se trouveront à mon enterrement, cent francs. Seront choisis trente pauvres qui seront habillés de drap noir selon qu'on a coutume (*). »

La veuve du sire d'Haussonville eut au plus haut dégré cette nature tendre, compatissante et affectueuse qui fait la véritable femme. Figure angélique et sacrée, belle à la fois de la beauté physique et de la beauté morale, elle traversa cette terre d'épreuves comme le doux rayon de soleil qui, le soir après avoir embelli de ses feux la somptueuse demeure du riche, ne dédaigne pas de visiter le galetas humide qu'habitent la souffrance et la douleur. Elle fut sans ambition devant les grandes destinées, et chose admirable

(*) Archives de Lorraine. *Liasse des Carmes.*

et peu commune chez les riches, elle aima les déshérités du siècle ; aussi, que de larmes et de gémissements accompagnèrent ses dépouilles mortelles! « Bonne Christine, entendait-on dire sur tous les points du convoi funèbre, tu avais un palais, tu l'as mille fois quitté pour nos chaumières ; sans enfants, tu nous as pris pour les tiens ; tu étais grande dame, tu t'es faite notre servante, tu as aimé les pauvres, les petits, les misérables, tu as mis la joie dans le cœur de ceux qui n'en avaient pas. Oh! sois bénie entre toutes les nobles âmes déjà retournées dans cette patrie qui ne souffre plus de séparation. Reçois-y de la main de Dieu toutes les couronnes qu'il réserve aux cœurs héroïques comme le tien. »

Revenons à Charles-Emmanuel de Tornielle.

Le duc de Bar, depuis duc de Lorraine, sous le nom d'Henry II, étant devenu libre par la mort de Catherine de Navarre, jeta les yeux sur Marguerite de Gonzague, fille du duc de Mantoue, et nièce de la reine de France, Marie de Médicis. A cette occasion, Charles-Emmanuel de Tornielle fut envoyé à Paris, en qualité de procureur. Il y épousa la princesse au nom de son maître. Cette mission délicate était une preuve non équivoque de l'affection du duc pour son surintendant. Charles songea à l'utiliser au profit d'un désir de vanité qui depuis longtemps agitait son cœur d'homme. Il supplia Henry II de lui permettre d'établir en sa seigneurie de Gerbéviller, un fiscal, et d'y faire ériger et tenir une justice à quatre piliers, privilèges attachés à la dignité de marquisat. L'érection demandée fut signée le 4 mai 1621 par Henry-le-Bon. En voici la teneur :

« A tous qui ces présentes lettres veoiront, salut.

Le pouvoir des princes souverains, suivant la concession qu'ils en ont reçue de la main libérale et toute puissante de Dieu, ne s'étend pas seulement à élever les hommes en honneur, dignité, éminences et autres titres, mais aussy les terres et possessions tenues par personnes de mérite qui d'ailleurs ont les moyens de maintenir et conserver la dignité, lustre et splendeur qui leur sont accordez. Et l'un et l'autre s'étant rencontrez en la personne de notre trés-cher féal cons[er] d'estat, grand m[re] en notre hostel et sur Intendant de nos finances, le sieur comte Charles de Tornielle, comte de Chalant et Brionne, baron de Bauffremont, seigneur de Deuilly, Gerbéviller, Bauzemont, Bulgnéville, Solgne et Romont, tant pour son ancienne extraction et alliance qu'il a aux familles plus relevées de nos pays et dehors, que pour les grands et signalez services continuels qu'il nous a rendus par une longue suitte d'années à notre contentement et charges pnales de nostre maison, digne de plus grandes recommandation et faveur que l'octroy de la très-humble supplication qu'il nous a faite d'ériger en marquisat sa terre, ville, faubourgs, ban et seigneurie de Gerbéviller qui déjà a le droit de prévôté, tabellionage, foires et marchés, avec les villages de Fraimbois, Vaimbois, La Math, les Bordes, Vennesey, Vallois, Saint-Pierremont, Haudonville, en ce qu'il y a de droit, Romont, Saint-Maurice, Xermaménil, Mortagne, Giriviller, Essey, Remenoville, Moranviller, les deux maisons de Moriviller dépendantes de la prévôté dudit Gerbéviller, Clayeures, Mattexey, en ce qu'il y a de droit, et Vaudeville, bans, finages, bois, moulins, héritages, rivières, rentes, revenus et toutes choses dépendantes d'iceluy, en ce qu'il lui appartient présentement et que lui et ses hoirs pourront acquérir et obtenir à quel titre ce soit à l'advenir comme aussi des villages et lieux voisins, lesquelles rentes et revenus nous sommes suffisamment informés estre de vingt-cinq mille francs ou environ et suffisantes pour porter dignement et entretenir décemment le nom, qualité et rang de marquis. Pour ces causes et autres bons respects, etc. (*). »

(*) Archives de Lorraine.

Pendant que Charles-Emmanuel s'attachait à la recherche des honneurs, Gerbéviller marchait vers une ère de profondes misères. La pénurie des vivres, les désastres d'une guerre permanente, et surtout la peste, pesèrent, pendant près d'un demi-siècle, sur notre malheureuse cité comme une atmosphère de bitume et de plomb.

J'ouvre en tremblant les annales de ces temps malheureux, et voici ce que j'y trouve en première ligne :

Par une chaude journée du mois de juillet 1628, le fils de Jean Gauthier, armé de son tambour, *fit des cris parmy la ville que Baccarat était scandalisé par la contagion.* Aussitôt les délégués de la communauté, alors au nombre de cinq, commandèrent à Jean Charton et Simon Voirin de faire deux haies destinées à défendre l'entrée de la ville aux passants. Sur la demande du sieur Prévôt, il fut acheté à la commune d'Haudonville, moyennant 7 francs, *un cheval pour faire un carnage.* On fit vider tous les puits. Des guérites furent construites et disposées, l'une au bout de Saint-Pierre, l'autre proche la maison de Hault (ancienne maison Louviot). On décida que des gardiens seraient placés nuit et jour sur les portes. Cet arrêté reçut son exécution. Nous lisons, en effet, dans les comptes des commis de ville : Payé 11 francs 8 gros à Claude Bombon, pour avoir fait l'office de garde à la porte de l'Eau, pendant le mois de juillet 1628. A Jean Thierry, garde de la porte du Bas, pour un mois et demi (du 1er janvier au 18 février 1629), à raison de 5 gros par jour, 20 francs 5 gros. Même paie à Nicolas Marin, pour avoir gardé la porte du Haut. Payé, à raison de 5 gros par jour, 80 francs 10 gros à Antoine Thiriet, pour avoir fait garde à la porte Saint-Pierre durant 194 jours, à partir du 15 août 1629 jusqu'au 28 février 1630. Même somme à François Thiery, pour un pareil temps employé à la garde de la porte du Bas. A Claude Habert, pour avoir fait garde dans la guérite du Haut de la Vacherie, 78 francs 4 gros, paye de 188 jours, commencés le 19 août 1629, et terminés le 28 février 1630. Même somme à Nicolas Génin, pour pareil temps qu'il a fait garde au bout du faubourg Saint-Pierre. Pareille somme encore à Nicolas Augustin, pour avoir frappé, avec son tambour, le soir et le matin, durant l'espace de 170 jours, à partir du 8 mars 1630, jusqu'au 14 septembre de la même année, etc., etc. On poussa la précaution jusqu'à bannir de Gerbéviller les sieurs Humbert Bresson et son frère Claude Bresson, accusés d'avoir, dans un voyage, fréquenté des lieux contagieux.

Pendant que la pauvreté et la famine semblaient s'unir pour abattre Gerbéviller, les éléments, de leur côté, faisaient sentir leur cruelle influence. En 1627, une grêle terrible ravagea toutes les vignes. Plus tard, des pluies torrentielles accrurent tellement les eaux de la Mortagne que celles-ci menaçaient d'envahir le pâtis d'Oby. Pour s'opposer à l'action destructive du torrent, les députés ordonnèrent l'établissement de trois palissades disposées le long du pâtis, à une distance de quelques pieds l'une de l'autre. Sur toute la ligne, on fit ensuite ouvrir des fossés qui reçurent la quantité de 800 fagots d'épines. Dans le mois de juillet 1630, un orage épouvantable éclata sur Gerbéviller. Au roulement continuel du tonnerre et aux globes de feu qui s'échappaient du ciel courroucé, chacun fut bientôt sur pied. La prévoyance n'était point inopportune, car, vers les deux heures de la nuit, la foudre tomba avec un effroyable craquement sur la tour Saint-Pierre, qui ne fut bientôt plus qu'une pyramide de feu. Des bourgeois, au nombre de 34, s'organisèrent immédiatement pour arrêter le mal. Mais leurs efforts, quoique multipliés, n'eurent d'autre résultat utile que celui de préserver du fléau les maisons voisines. Aux premières lueurs du crépuscule, la tour Saint-Pierre n'existait plus. Sur son emplacement, on ne voyait que des poutres fumantes, des pierres noircies et les laves métalliques de son vieux beffroi. Le lendemain, les décombres furent conduits hors de la ville par les sieurs Claude Robert et Didier Malglaive (*). La commune reconnaissante vota une indemnité de 50 francs aux citoyens qui, bravant les plus grands périls, avaient opposé leur courage aux éléments dévastateurs. Cette somme devait servir également à récompenser le zèle de plusieurs des serviteurs de Mgr le comte de Brionne. Elle accorda aussi une reconnaissance de 18 francs 6 gros 6 deniers à divers habitants, qui avaient recueilli 80 livres du métal de la cloche fondue. On chercha à réparer les désastres causés par le feu du ciel. Lors de la reconstruction de la tour du Haut, il fut dépensé 858 francs pour la maçonnerie, 571 francs pour la charpente, 258 francs pour les ardoises et l'emploi de 800 livres de plomb, 240 francs environ pour l'achat de bois de sapin, de cordes, de clous, etc. Le jour de la conclusion du marché avec le sieur Claudin Joly, ardoisier à

(*) Si, en fait de détails, nous poussons le minutieux jusqu'à citer des noms propres, c'est dans le but de mettre certaines familles à même d'apprécier le genre d'état qu'exercèrent leurs ancêtres. Les rapprochements qui peuvent s'ensuivre auront souvent leur intérêt.

Nancy, les députés, le tabellion Brichoux, M. Claude Antoine, caution dudit Joly, firent chez le sieur Claude Bronville, hôtelier, un dîner qui coûta 14 francs à la commune. Il fut payé ensuite 22 francs 6 gros à vingt-deux cultivateurs mis à réquisition pour amener, de la forêt de Mégemont sur le pâtis d'Obry, les bois nécessaires au marnage de la tour. On y replaça un nouveau beffroi ainsi qu'une horloge d'une construction plus moderne. Dans la suite, l'un et l'autre furent remis aux RR. PP. Carmes, sous des réserves dont nous aurons à parler.

Récemment élevé au trône de Lorraine, Charles IV vint passer quelques jours au milieu des habitants de Gerbéviller. Voici ce qu'on lit, en effet, dans les comptes des commis de ville : « Font encore despense lesdictz comptables de la som^e de trente-trois francs neuf gros trois blancs qu'ils ont paiez d'ordonnance des députés a plurs̄ p̄ticuliers dudit Gerbéviller pour avoir, le jour de l'arivée de S. A., audit lieu le jeudi avant les Roys de l'an mil six centz trente, couppé la glasse tant de la ville que devant la p̄te du faubourg Saint-Pierre, fourniture du bois du cor de garde pendant la nuits dudit jour et le lendemain deux livres de chandelles, que pour les voitures faites à la vuidange de ladicte glasse que de genevre brullé pour sentir bon à ladicte ville, que pour vin donné aux soldas des cor de garde pendant lesdictes deux nuicts et deux jours (*). » Charles IV était agile, d'une taille héroïque et bien proportionnée. Il avait un air véritablement guerrier, un esprit vif, pénétrant, fécond en bons mots, des manières polies et populaires qui lui gagnaient les cœurs (**). Mais léger, sans aplomb et sans politique, il détruisit, par cinquante années d'imprudences, l'édifice de grandeur que ses pères avaient élevé (***). Cette excursion du prince à Gerbéviller ne fut pas la seule qu'il y fit. En 1633, alors qu'inspiré par un cardinal despote, insatiable de pouvoir et de vengeance, Louis XIII vint mettre le siége devant Nancy, Charles IV se retira dans notre ville. Il y demeura pendant cinquante-deux jours, occupé aux distractions de la chasse. Sa meute et ses valets de chiens, qui l'avaient accompagné, furent logés dans la maison où se tient aujourd'hui le casino. Leur entretien resta au compte de la communauté. Au moment du départ de Son Altesse, le pain et les meubles de son escorte, furent transportés à Lunéville par les soins et aux frais de nos bons aïeux.

(*) Archives de Gerbéviller.

(**) Wilhelm. *Histoire abrégée des ducs de Lorraine*, page 118.

(***) P. G. Dumast. *Nancy, Histoire et Tableau*, page 15.

Un sieur Jean Demange, qui s'offrit le premier avec sa charrette, reçut 2 francs pour ses peines(*).

Quoique honoré de la présence de son souverain, Gerbéviller n'avait pas été pour cela protégé contre les atteintes de la contagion. Celle-ci y fit ses premières victimes en juillet 1633. C'est en vain que la communauté commanda au sieur Simon Voirin un pélerinage à Saint-Sébastien qui, suivant la légende, possède la vertu de préserver des épidémies ou d'arrêter les progrès de la peste. La contagion n'en sévit pas moins avec rigueur. Effrayé de la rapidité du mal, un sieur Perrin, l'un des députés de Gerbéviller, se retira promptement à Lunéville. Honte à ce lâche citoyen ! Vu les circonstances critiques, la communauté décida que les habitants atteints ou soupçonnés de contagion, seraient séparés et logés dans des maisonnettes en bois construites au lieu dit le *Bouleau*. Ces loges confectionnées par un sieur Claude Robert, charpentier, coûtèrent 176 francs. La commune nourrissait les malades qui s'y trouvaient relégués. Le sieur Charles Poirson, chirurgien à Gerbéviller, reçut 600 francs pour ses visites et ses bons soins aux pestiférés. Il fut également donné 2 francs par jour au R. P. Ha-

(*) Archives de Gerbéviller. *Comptes des commis de ville.*

raucourt qui, pendant 82 jours, porta des paroles de paix aux malades, leur administra les sacrements et célébra la messe à leur intention. La dépense totale faite par la commune au sujet de l'épidémie de 1633, s'éleva à 7,497 francs 3 gros 5 deniers, somme énorme pour ces temps d'extrême pauvreté. Les bourgeois d'une certaine aisance furent imposés au profit des pauvres; la collecte produisit 1,016 francs 4 gros 6 deniers (*).

Les pestiférés recevaient la sépulture dans le voisinage de leurs loges, comme le témoigne une croix mise à découvert, il y a peu d'années, et sur laquelle on lisait : « Ci-git Elisabeth de Fert, femme à maitre Didier Arnould, jardinier à M. le grand-maitre, morte l'année de la contagion 1633 (**). » A Nancy, où il mourait par jour vingt-cinq à trente personnes, on les jetait pêle-mêle dans une grande fosse. Elles y étaient portées sans cérémonie, sans prêtre, sans croix, sans luminaire, et souvent nues et sans drap. Dans d'autres villes, on les laissait sur la terre, sans sépulture, abandonnées aux chiens et aux bêtes carnassières (***).

(*) Archives de Gerbéviller. *Comptes des commis de ville.*

(**) Commmunication de M. J. Christophe, ancien maire de Gerbéviller et membre du conseil d'arrondissement.

(***) D. Calmet. Hist. de Lorraine, tom. 3.

Entre Fraimbois et les Abouts, il existait, au XVIe siècle, un village appelé Vaimbois. La contagion, qui régnait à Gerbéviller, ne ménagea point cette petite commune. Le nombre des malades y devint tellement grand que les habitants de Fraimbois, par un sentiment de compassion bien naturel en pareil cas, durent apporter chaque jour, aux malheureux pestiférés, les aliments propres à leur conserver un souffle de vie. Mais, par la crainte de gagner le mal, on évitait de pénétrer jusqu'aux pestiférés ; les vivres leur étaient tendus à l'aide de longues perches. Or, un jour on s'aperçut que tout, à Vaimbois, était mort, en retrouvant intactes les provisions déposées la veille. Ce village s'élevait à environ 1 kil. N. O. de Fraimbois, sur un terrain aujourd'hui en nature de chènevières. Ces deux lieux ne formaient qu'une seule communauté. Dans un acte du 12 janvier 1667, nous voyons Messire Pierre Poirel, prêtre, se dire curé de Fraimbois et de Vaimbois. Comme le prétendent certains historiens, Vaimbois n'aurait donc point été détruit complétement en 1637. D'ailleurs, en 1751, un autre titre des archives de Fraimbois rapporte, qu'à cette date, on voyait encore au milieu des champs les vestiges d'une église qui servait jadis d'église paroissiale aux habitants des deux localités.

C'est à la même époque et aux mêmes circonstances qu'on doit attribuer la ruine de Moranviller, village situé au sud de Remenoville et dont l'origine se rattacherait au séjour du peuple-roi dans les Gaules. Un chemin ferré, dont il reste encore quelques vestiges, le reliait avec Giriviller et Gerbéviller. Il y a quelques années, un habitant de Remenoville, en défonçant une chènevière, située sur l'emplacement de Moranviller, mit à découvert la voûte d'une cave parfaitement conservée. Alléché par l'espérance de quelque trouvaille précieuse, il s'occupa à extraire de cette cave les décombres qui en obstruaient l'entrée. Un squelette d'homme et un squelette de chien, dressés à l'un des coins de la galerie souterraine, attirèrent tout d'abord son attention. Cependant, ces objets étant peu de nature à flatter la convoitise d'un simple campagnard, notre curieux suspendit le cours de ses investigations (*).

Nous avons, jusqu'alors, gardé le silence sur la présence des troupes ennemies dans nos contrées. Qu'on sache donc qu'à la suite de la rupture qui éclata entre le duc Charles et Louis XIII, pour un malheureux mariage auquel ce dernier souverain refusait son adhésion, notre infortuné pays fut longtemps couvert par une nuée de

(*) Communication de M. Louis Bailly, de Remenoville.

Français, d'Allemands, d'Espagnols, d'Italiens, de Suisses et de Suédois. Voici, sous forme de journal (*), un échantillon des charges et des vexations presque continuelles qui, pendant plus de quarante ans, mirent à de nouvelles épreuves, l'esprit de sacrifice de nos pères.

1633. Il est payé 449 francs 6 gros au sieur Delorme, garde du sieur de Saint-Chaumont, pour 31 jours employés à défendre du logement des troupes françaises le lieu de Gerbéviller, ainsi que tous les villages du marquisat.

Cette même année, le marquisat de Gerbéviller est obligé de supporter l'entretien d'une compagnie de cavalerie de M. le maréchal de la Force. Les habitants de Saint-Maurice et de Romont ayant abandonné leur village, la répartition est alors faite sur les autres lieux de la seigneurie. Gerbéviller paie pour sa cote-part 546 francs 6 gros.

Pour réduire la Lorraine à un état où elle ne put jamais porter ombrage à ses voisins, on ordonne en 1636, dans le conseil du roi Louis XIII, la démolition de tout ce qui restait de châteaux dans la province. Celui de Gerbéviller est du

(*) Les faits qu'il contient sont généralement empruntés aux comptes des commis de ville de Gerbéviller; ces documents remarquables par leur belle conservation, commencent en l'année 1628.

nombre des forts proscrits. La France le fait raser à ses propres frais (*).

1639. Siège du château de Moyen. Cette forteresse, bâtie vers 1444 par un évêque de Metz, avait d'abord été soumise par les Français, puis reprise sur eux par les soldats lorrains. Ceux-ci s'en servaient comme d'un rempart pour exercer plus hardiment leurs ravages sur toutes les campagnes voisines. En 1639, du Hallier, gouverneur de Nancy, désirant réprimer ces désordres, vient assiéger le château de Moyen. Thouvenin, capitaine du régiment de Saint-Baslemont, y était enfermé avec cent hommes seulement. Le siège, commencé le 2 août 1639, n'amène la reddition de la place que le 15 septembre de la même année. On tira, dans cette circonstance plus de 4,000 coups de canon. Gerbéviller eut beaucoup à souffrir du flux et du reflux des assiégeants. A leur retour, ils s'arrêtèrent, dit-on, dans la maison *Louviot*, qui servait alors d'hôtellerie. Les vieilles chroniques veulent que cette habitation soit mise en rapport avec le château de Gerbéviller, par l'intermédiaire d'un-

(*) D. Calmet. *Histoire de Lorraine*, tom. 5. — Les murailles de la ville ne furent détruites qu'en 1681. Le sieur Charles Rosières et ses compagnons se chargèrent de la démolition. En 1704, 1706 et 1707, la commune fit relever les murs en partie.

souterrain. Si l'on en croit le vulgaire, les soldats vainqueurs y auraient enfoui le fruit de leurs rapines et de leurs exactions. Quoi qu'il en soit, de nombreux soldats français, blessés mortellement, ne purent gagner leur quartier général et laissèrent leurs dépouilles dans les bernes mêmes de la route. Jean Masson et George Meslin reçurent 4 francs de la communauté de Gerbéviller pour donner à ces infortunés une sépulture plus convenable (*).

Même année. Le sieur de Beaulieu, qui commandait le château de Moyen au nom de Sa Majesté Louis XIII, se montre sans pitié pour les malheureux habitants de Gerbéviller. Quelques jours après son installation, et sous prétexte de contributions impayées, il fait jeter dans les basses-fosses du château, les sieurs Claude Leloup, Claude Bronville et Gauthier, qui étaient allés, au nom de leurs concitoyens, implorer sa miséricorde. La commune est obligée, pour obtenir l'élargissement des pauvres députés, de verser *cent francs* entre les mains du greffier de ladite forteresse (**). Quelque temps après, et sans motif connu, le même commandant menace de ravager les jardins de Gerbéviller. Des

(*) Archives de Gerbéviller. *Comptes des commis de ville.*
(**) *Idem.* *Idem.*

délégués, choisis parmi les plus vénérables des habitants, vont lui représenter la position fâcheuse du lieu, et en appeler à ses sentiments d'humanité. Pour donner à leur démarche un puissant motif de persuasion, ils se font suivre par un pot de vin de quatre mesures, acheté auprès des RR. PP. Carmes au prix exorbitant de 28 francs la mesure (*).

1641. Une démarche est faite à Châtel-sur-Moselle, dans le but d'obtenir de Son Altesse, qui s'y trouvait alors, le délogement des gardes casernés à Gerbéviller. Six chapons achetés par la commune, moyennant 15 francs, lui sont remis en présent par les députés. Flatté de cette prévenance, Charles IV vient la même année passer la bonne saison à Gerbéviller. Deux compagnies d'infanterie y prennent aussi leur quartier.

1644. Par ordre de M. de Turenne, des soldats sont envoyés en sauvegarde à Gerbéviller. Quatre compagnies de cavalerie ne tardent pas à les suivre. Enfin, le dernier jour de décembre, des cavaliers et des gardes de M. le gouverneur de Nancy, viennent prendre leur quartier à Gerbéviller. La compagnie de cavalerie de M. le comte de Duras, du régiment de Monseigneur

(*) Archives de Gerbéviller. *Comptes des commis de ville.*

le maréchal de Turenne, entrée à Gerbéviller au commencement de décembre 1644, n'en sort que le dernier de mars 1645, après 116 jours de garnison. Sa présence coûte à la ville 9,657 francs, plus 70 resaux de blé et 26 resaux 2 quarterons d'avoine.

En 1644, Gerbéviller ne comptait plus que quatorze ménages (*). Ce dépérissement de la population était général dans la Lorraine. Certains villages se trouvaient tellement déserts, que les loups faisaient leurs retraites dans les maisons inhabitées. La famine fut si extrême dans tout le pays, que les hommes se mangeaient l'un l'autre : le fils dévorait son père, le père son enfant, la mère sa fille. Le voyageur ne dormait pas en sûreté auprès de son compagnon de voyage ; il craignait que celui-ci ne l'égorgeât pendant son sommeil pour s'en repaître. On pendit, dans un village aux portes de Nancy, un homme convaincu d'avoir tué sa sœur pour un pain de munition. Les bêtes mortes fourmillant de vers, les vieux cuirs, les glands, les racines, les souris, etc., étaient recherchés avec avidité et regardés comme un grand régal. On ne voyait

(*) En 1661, le nombre des chefs de famille était de 121, distribués de la manière suivante : 47 dans la ville, 20 à la Vacherie et 54 au faubourg Saint-Pierre.

de tous côtés qu'une multitude de pauvres et de mendiants, bâves, affreux, défigurés, couverts de mauvais baillons, sans retraite, sans secours, sans feu durant la plus rigoureuse saison. Le resal de blé, dans les années 1635, 36, 37, 38 et 39, se vendait communément 50, 60 et même 100 francs barrois. Les terres demeuraient en friches et couvertes d'épines ; les prairies se chargeaient de bois et nourrissaient une infinité d'animaux venimeux. Plus de troupeaux à la campagne, plus de laboureurs dans les champs : les chemins mêmes étaient abandonnés et inconnus. Les loups, ayant goûté de la chair humaine, se jetaient sur les passants et les étranglaient ; trois habitants du village de Mont subirent ce triste sort. Ces animaux voraces attaquaient de préférence les personnes du sexe, ce qui mit les femmes dans la nécessité de changer d'habits. Enfin la guerre, la peste et la famine avaient tellement diminué le nombre des animaux de culture, qu'on vit les hommes s'atteler à la charrue, pour remplacer les chevaux et les bœufs (*).

1645. La municipalité fait conduire à Nancy, comme présent destiné à M. le gouverneur, 60

(*) D. Calmet. *Histoire de Lorraine*. Tome 3. — Guerrier. *Essai historique sur la ville de Lunéville*.

resaux d'avoine. — La même année, la commune avait envoyé plusieurs habitants à Landécourt et à Saint-Mard, pour percevoir les contributions dues par ces lieux à Gerbéviller. Les commissionnaires firent rencontre d'un parti de soldats qui les dépouillèrent de leurs hardes et prirent au sieur Nicolas Laurent, de Roselieures, une bonne camisole pour indemnité de laquelle Gerbéviller paya 6 francs. Comme on le voit, on ne pouvait, sans danger, fréquenter les chemins. Le curé de Romont, malgré son âge vénérable, ne put même trouver grâce auprès des gens de guerre. Un jour que, sortant de Gerbéviller, il suivait la route de Moyen, un groupe d'Allemands s'emparèrent de sa personne et le retinrent prisonnier. Dans ces temps d'extrême désolation, le soldat, lubrique et impitoyable, n'épargnait ni le sacré ni le profane; il exerçait sa brutalité sur les biens comme sur les corps... S'il ne trouvait point d'argent sur le malheureux dont il s'était emparé, il lui ôtait la vie, et lui ouvrait les entrailles pour y chercher l'or qu'il le soupçonnait d'avoir avalé. Les sacriléges, les incendies, les profanations des lieux les plus sacrés, n'étaient regardés que comme un jeu d'enfant.

1648. M. le marquis vient à Gerbéviller. Il met pied à terre chez le sieur Mayeur, hôtellier.

La commune paie à celui-ci une somme de 78 francs 10 gros, pour plusieurs volailles qu'il avait fournies à mon dit seigneur. — La même année, Madame la gouvernante et Monseigneur l'intendant font une excursion à Gerbéviller avec leur escorte d'infanterie et de cavalerie. Leur présence coûte à la commune 505 francs 6 gros. Cette même année encore, la municipalité, ayant appris la mort de Mre Charles-Emmanuel de Tornielle, fait sonner les cloches pendant quarante-trois jours. Afin de se ménager les bonnes grâces du valet de chambre de l'illustre défunt, les habitants décident qu'il lui sera fait un présent de 10 aunes de toile de lin. La dépense, pour cet objet, se porta à 19 francs 10 gros.

Même année. La ville de Gerbéviller, menacée d'une prochaine excursion de la part des troupes qui tenaient garnison à Charmes, députe vers elle le R.P. Clément et le frère Basile, du couvent des Carmes. Ces bons Religieux, porteurs du montant des contributions dues alors, parviennent à empêcher une nouvelle dévastation du marquisat.

1649. On défraie la compagnie du sieur de la Borde, qui venait de démolir le château de Ramberviller ; puis une autre troupe récemment sortie de Dompaire, dont elle avait ruiné la forteresse.

Même année. Comme dans les années 1662, 1675, etc., la commune de Gerbéviller paie des manœuvres, pris parmi ses habitants, pour aller démolir les fortifications de Nancy, la forteresse de La Mothe, le château d'Epinal, etc.

1651. Une personne qui faisait le guet sur la tour de l'église, pendant un jour de grand froid, avait apporté avec elle du charbon allumé. Son imprudence devient la cause d'un incendie qui consume la presque totalité de la toiture de la nef.

Même année. Le régiment du sieur Tobal vient prendre son quartier d'hiver à Ramberviller. L'un des chevaux d'une compagnie s'étant trouvé blessé, le capitaine en accuse les habitants de Gerbéviller. Il menace de venir piller la ville. Monseigneur le marquis organise une souscription qui produit la somme de 542 francs. On se hâte de la porter à l'officier courroucé. A quelque temps de là, le caporal d'une compagnie du même régiment est blessé et son cheval tué par des bourgeois de Gerbéviller, revenant du marché. On fait aussitôt une levée de 592 francs, qui est remise au plaignant à titre d'indemnité. Cette année encore, la communauté habille de pied en cap la demoiselle de Beaufort, fille d'un colonel de ce nom. Elle achète pareillement à un capitaine, tenant garnison à

Châtel-sur-Moselle, un chapeau, des souliers et une paire de bottines. Enfin, le 31 décembre 1649, une rixe s'engage au logis du sieur Guillaume Roux, hôtelier, entre des soldats lorrains et des soldats français de la garnison de Nancy. Deux des premiers restent sur le carreau ; ils avaient reçu le coup de la mort.

1653. La communauté paie à un habitant de Xermaménil, 10 journées d'un cheval qui avait été employé au carosse de M. le marquis.

1659. La communauté acquitte 49 francs au sieur de Latour, de Nancy, qui, pour sûreté des contributions échues, tenait en gage l'argenterie de la sacristie de l'église paroissiale.

1663. Cette année, la commune achète, pour être donnés comme présent à Mme la marquise, des flambeaux et des mouchettes qui coûtent 613 francs 8 gros. Une livre de poudre est ensuite dépensée par les gens en armes qui fêtent la bienvenue de ces illustres hôtes.

1665. Les habitants donnent à M. le marquis 205 francs 4 gros pour être déchargés du présent fait à Madame, lors de son avènement à la couronne.

Même année. Le sieur Nicolas Gaultier avait chez lui un cavalier du nom de Saint-Aubin, avec plusieurs chevaux. Quoique l'un de ceux-ci fût mort depuis longtemps, le sieur de Saint-Aubin ne voulut rien déduire à son hôte. La même année, certains bourgeois avaient mis leurs grains en dépôt chez les RR. PP. Carmes. Le sieur de la Chapelotte, commandant de la compagnie de M. le comte de Duras, les fait enlever pour l'usage de ses troupes, au prix qu'il lui plait d'en offrir.

Même année. Obligée de restaurer le pont de Chanteraine, la commune avait, dans ce but, fait provision de pièces de bois venant du Censal et du Haut de Gondal. M. le marquis (*), sans motifs connus, les met sous sequestre. Pour obtenir la main-levée de la saisie, la municipalité fait présent à Mme la marquise de 27 livres de lin, achetées 49 francs 6 gros.

1668. Les régiments de Monseigneur de Vaudémont, ceux de MM. de Bellerose et de Tornielle, viennent tenir garnison à Gerbéviller. Leur séjour se prolonge jusqu'en 1670.

1670. Monseigneur de Vaudémont vient à Gerbéviller *rétablir sa santé*. La commune paie, pour achat de viandes à lui destinées, 48 francs 1 gros, 8 deniers.

1679. Monseigneur l'évêque de Toul vient passer quelques jours à la maison de cure. La

(*) René de Tornielle, fils de Charles-Emmanuel et frère aîné de Gaston de Tornielle, dont il sera parlé plus loin.

commune lui fait présenter 12 bouteilles de vin, achetées à raison de 50 centimes la bouteille.

La même année, la commune paie 5 francs à Jean Mangin et à son gendre, pour pêcher des écrevisses à M. le marquis.

1681. Les étrennes données par la commune à M. le marquis et à Mme la marquise, coûtent 562 francs.

Il est curieux de voir avec quelle respectueuse déférence la communauté traitait ces sortes de questions. Voici ce qu'on lit dans une délibération prise à ce sujet : « Cejourd'hui trente-unième décembre mil six cent nonante-six, les officiers de la chambre de ville de Gerbéviller ayant fait convoquer les notables bourgeois pour délibérer sur les étrennes que l'on peut bailler à Mme la marquise et à M. le comte de Tornielle, il a été résolu qu'il sera baillé à chacun 22 écus de trois livres l'un, par moitié, et sans que cela puisse tirer à conséquence, et qu'il sera fait un présent honnête de gibier à Monseigneur l'intendant, de quoi il sera tenu compte aux commis de ville, qui en feront les advances. Fait en la dite chambre, les an et jours susd^ts^, soubs le seing desd^ts^ bourgeois. La Perrière, René Galland, F. Gaulthier, L. Maillotte, F. Louys, N. Micard, N. Maquet, Jean Pano, J. Chapel, Claude Marchant, Simon Jeanmaire, Joseph

Marchal, André Broche, qui a fait sa marque, ne sachant pas écrire. (*) »

Le misérable état de choses que nous venons d'esquisser, dura jusqu'en 1667, époque à laquelle fut conclue la mémorable paix de Riswick. L'un des cantons de Gerbéviller, le *Haut de la Pax*, est destiné à perpétuer, chez nous, la joie qu'éprouvèrent nos aïeux en voyant enfin se rompre la chaine de leurs maux et de leurs misères.

Nous devons ici quelques mots de reconnaissance à Gaston de Tornielle, dont la cordiale générosité fit, plus d'une fois, oublier à nos pères les circonstances malheureuses au milieu desquelles ils vivaient.

Gaston de Tornielle était le second fils de Charles-Joseph de Tornielle et de Claude-Dorothée de Porcelet. Il hérita de la seigneurie de Gerbéviller, après le décès de René de Tornielle, son frère ainé, mort sans postérité d'Angélique de Choiseuil, qu'il avait épousée en 1650.

Dans les actes publics, Jean-Baptiste Gaston de Tornielle s'intitule seigneur de Gelnoncourt, de Bauzemont, Frouard, etc., grand chambellan, gouverneur et bailli de Nancy, colonel de cavalerie pour le service de Charles IV,

(*) Archives de l'hôtel de ville.

duc de Lorraine, et son ambassadeur en Angleterre et en Hollande.

Ce seigneur, d'une haute stature, à la chevelure abondante et soyeuse, aux moustaches retroussées, à la bouche autrichienne, respirant l'orgueil et le dédain, au teint pâle, reflétant toutes les passions d'une jeunesse orageuse, ce seigneur, disons-nous, présentait le plus beau type aristocratique qu'il fût possible de voir. Toutefois, derrière l'expression altière de son visage, on découvrait sans peine la bonté, et la libéralité, ces précieuses vertus d'un grand cœur.

C'est Gaston de Tornielle qui, en 1672, fit, de concert avec son frère, une fondation de 8,000 francs, dont 2,000 servirent à l'achat d'une maison, puis les autres 6,000 francs à l'achat d'un gagnage pour le logement et l'entretien de quatre filles dévotes, qui devaient se consacrer à l'instruction gratuite des pauvres enfants du sexe. L'acte de donation, reçu de Mégret (*), est du 31 octobre. La même année, les Religieuses de la

(*) Cette famille, qui a aujourd'hui des descendants, a changé le dernier *e* de son nom en *a*. On ne dit donc plus *Mégret*, mais bien *Mégrat*. Le sieur Mégret, dont il est ici question, a son épitaphe sur la façade de l'église paroissiale. On y lit qu'il était natif de Villacourt, qu'il rendit son âme à Dieu le dernier jour de l'an 1694, âgé de 89 ans, après en avoir consacré 47 aux fonctions de procureur fiscal du marquisat.

Congrégation, récemment établies à Lunéville, succédèrent aux quatre filles dévotes. La maison qu'elles occupaient à Gerbéviller sert aujourd'hui d'écurie à M. de Lambertye. Nous verrons, plus tard, comment, par suite de l'ignorance des autorités municipales, la commune perdit tous les bienfaits attachés pour elle à cette fondation philanthropique. En 1688, (acte passé par Alix), Gaston de Tornielle remet à la commune les chambres et greniers situés au-dessus de la porte Notre-Dame, à condition que les habitants y construiront un auditoire et une prison civile.

Nous avons vu que la communauté possédait des halles élevées sur la place, en face de l'église des Carmes. Gaston de Tornielle les fit démolir, parce qu'elles bornaient la vue de ses appartements. En 1691, les habitants présentèrent une requête tendant à obtenir le rétablissement de dites halles comme chose grandement utile aux rapports des lieux circonvoisins avec Gerbéviller. Jusqu'alors les frais de construction étaient restés à la charge des seigneurs ; dans leur requête, les habitants s'offrent à élever eux-mêmes la nouvelle halle au lieu qu'il plaira à Monseigneur de mettre à leur disposition. Cette supplique, datée du 31 octobre et signée par Antoine Malglaive et Claude Berger, obtint la réponse suivante : « Veüe la présente requeste et desirans pourveoir au bien de la communaulté de celte ville et contribuer à leur advantage, nous leur permettons de faire édiffier une halle dans la place où estait autrefois partie du jeu de paulme et nos escuries, et promettons de fournir à cet effet tous les bois nécessaires qu'ils pourront employer, croissant dans ce... ou dans ceux qui en deppendent. Et en outre de fournir toutes les thuilles, dont il sera de besoin pour couvrir l'édifice de la dicte halle. Fait à Gerbéviller ce trente-unième octobre mil six cent quatre-vingt-onze. » Signé : *Gaston J.-B. de Tornielle*, et un peu au-dessous : *Pour l'effet de quoy nous abandonnons au public les susdittes places, Gerbéviller* (*).

Gaston de Tornielle jouit de la plus grande popularité. Aussi, à son arrivée dans sa bonne terre, chacun s'empressait-il d'aller lui offrir les plus beaux produits de ses récoltes. L'un apportait le lait encore chaud de ses vaches, l'autre tordait en hâte le cou aux plus grasses des oies ou des dindes de sa basse-cour, un troisième présentait la toile tissue de son plus beau lin. Les moins fortunés offraient des œufs, du beurre, du poisson ou des écrevisses. Gaston, ému à la vue de cette attention bienveillante de ses sujets,

(*) Voir l'autographe qui orne notre volume.

AUTOGRAPHE

de Messire Gaston Jean-Baptiste de Tornielle.

Extrait d'une requête des habitants de Gerbéviller, tendant à obtenir l'autorisation de reconstruire leur halle.

(31 octobre 1691.)

gaston JB de tornielle

pour l'effect de quoy nous abandonnons

au public les fossés et places

Gerbeviller

Lith. L. Christophe. Nancy

n'acceptait jamais que la plus faible part de tous ces dons. Un jour entre autres, il ajouta en congédiant les notables, députés vers lui : Mes amis, mille fois merci pour votre bonne affection, mais reprenez toutes ces choses. Mon intendant va vous en acquitter la valeur, car je sais que depuis longtemps vous les destinez au marché. Seulement, je veux qu'unis en famille, vous en tiriez le meilleur parti. Je serai heureux qu'on ne puisse dire que, sur mes terres, ceux qui cultivent le blé ne mangent jamais de froment ; que ceux qui sèment les verts pâturages et engraissent de nombreux troupeaux, ne mangent jamais de viande ; que ceux qui font fructifier la vigne, ne boivent jamais de vin ; que ceux qui récoltent la chaude toison des brebis, grelottent sous de sales haillons. Allez donc un moment secouer vos misères avec la générosité de votre seigneur. Ces paroles valent certes bien la *poule au pot* du bon Henry. Nous ajouterons qu'elles révèlent chez le grand chambellan de Charles IV, l'intelligence de la véritable noblesse. Tout profond diplomate, tout fier guerrier qu'il fut, Gaston de Tornielle comprenait que quand le manque de bonté apparait par dessus le plus grand génie, on n'est jamais qu'un homme haï et détesté. En effet, le monde ne donne sa gloire qu'à la condition qu'on la portera sans être ébloui, et en paraissant encore plus grand qu'elle.

De son côté, Charlotte d'Estournels, on épouse, accordait une sollicitude particulière aux enfants des pauvres. Elle voulait qu'ils fussent élevés dans les sentiments d'une tendre piété et d'une touchante affection pour leurs pères et mères. « Qui a plus besoin que l'indigent, disait-elle, du secours et des affections de la famille. Il est seul au monde. Il n'a rien pour les sens et la vanité. Il habite un logement humide et misérable, où l'amour pourtant peut encore pénétrer, parce qu'il s'infiltre partout. Aussi voyez le pauvre quand il a froid ; il prend ses enfants sur ses genoux, les couvre de ses caresses, et sent qu'il est encore homme parce qu'il est père ! Travailler à orner les cœurs de ces jeunes créatures, c'est donc travailler à la félicité de ceux qui n'ont pas eu l'aisance en partage. » Nobles paroles ! dont une seule suffirait pour immortaliser les lèvres qui les prononcent.

Messire Gaston de Tornielle poussa la bonté d'âme et l'esprit de sacrifice jusqu'à vendre ses propres biens pour satisfaire à ses instincts de grandeur et de générosité. Il semblait qu'il eût pris pour devise cette recommandation que fait Jésus-Christ à ses apôtres, de ne posséder ni or, ni argent, de ne point porter de monnaie dans leurs ceintures, ni une besace par le chemin, ni deux tuniques, ni des souliers, ni une baguette.

Aussi, le voyons-nous successivement démembrer les terres de son marquisat. En 1691, il vendit au sieur Laurent Pancheron, écuyer, seigneur des hautes et basses Ferrières, conseiller secrétaire du roi, ses droits de seigneur de Giriviller et d'Essey-la-Côte, moyennant 55,000 francs barrois de principal. Dans l'acte de cession, Gaston réserve 20 louis pour une coëffe à son épouse et 10 pistoles par forme de vin. Disons, pour justifier ce démembrement que Gaston ne laissait aucun héritier direct; on ne peut donc que louer ce seigneur d'avoir adopté les pauvres pour ses enfants.

Le dix-septième jour d'octobre 1696, au retour d'une promenade à travers la campagne qu'un vent d'automne commençait à dépouiller de sa verdure, Gaston de Tornielle se sentit mal. Il envoya chercher en toute hâte l'abbé Laurent. Ce digne prêtre le trouva déjà sans voix. Le vieux marquis, en l'apercevant, leva les yeux au ciel, saisit les deux mains du pasteur et les garda dans les siennes, jusqu'à son dernier soupir. Ses dépouilles mortelles reposent encore aujourd'hui, avec celles de ses illustres aïeux (*).

Vers la même époque, mourut à Gerbéviller le frère Georges Malglaive, du couvent des RR. PP. Carmes. Ce religieux était un excellent

(*) Archives de Gerbéviller.

peintre pour son temps. Il fut le maitre des frères Claude et François Spière, peintres et graveurs distingués de Nancy. C'est sous sa direction que Claude peignit les douze apôtres dans l'église des Carmes. Avant la Révolution, on voyait dans l'église des religieux de Gerbéviller plusieurs tableaux du frère George. Par la fraicheur du coloris, ils semblaient être d'une époque toute récente (*).

Le frère George, nous écrit M. de Tumejus, serait-il l'auteur de *l'horloge magnétique, ellyptique ou ovale nouveau,* ouvrage fort rare, in-8° avec figures, imprimé à Toul en 1660? Dans l'impuissance de répondre à cette question, nous la soumettons nous-même aux persévérants efforts de nos bibliophiles lorrains.

(*) Michel. *Biographie des hommes marquants de la Lorraine.*

CHAPITRE VI.

ÉTAT SOCIAL DE GERBÉVILLER AU XVIIe SIÈCLE.

SOMMAIRE.

Considérations sur les formes administratives, les mœurs et les usages de la communauté de Gerbéviller au XVIIe siècle. Droits de bourgeoisie. Singulière obligation imposée aux nouveaux mariés. Droits féodaux. Plaids annaux. Etablissement d'un conseil de ville en 1687. Auditoire. Assesseurs. Maire royal. Arrêté de Charles-Emmanuel de Tornielle, qui règle les droits respectifs du gouverneur et du prevôt, à Gerbéviller. Taxes et ajustements des mesures. Foires. Milice. Piété. Escorte aux processions. Fonte des cloches. Instruction. Condition faite au maître d'école. La danse des Faschenottes. Autres usages bizarres.

Nous avons fait connaitre, au chapitre II de cette histoire, les principales dispositions de la loi philanthropique du généreux archevêque de Reims. Malheureusement, nos ducs, en affranchissant les villes de leurs Etats, ne publièrent pas toujours dans son intégrité la loi de Beaumont. Souvent, ils donnèrent comme telle, à des communes, des stipulations toutes différentes et infiniment moins libérales. Il n'est donc pas inopportun d'exposer ici quelques considérations sur l'état social de Gerbéviller, au XVIIe siècle.

En 1628, les bourgeois qui venaient résider à Gerbéviller payaient pour droit de cité les sommes suivantes : les fils natifs du lieu, 5 fr. ; les femmes, 30 gros. Les étrangers et les personnes qui n'avaient point encore acquis le droit d'habitants, donnaient 45 francs. Sur cette somme, Monseigneur prélevait un tiers ; les deux autres tiers restaient à la commune.

A la prière du marquis, ces droits pouvaient subir de fortes diminutions. Aussi, voyons-nous un sieur Jean Houillon (*), protégé de M. de Tornielle, payer seulement 15 francs, lors de son admission comme bourgeois de Gerbéviller. En 1662, la communauté, prenant en considération le petit nombre des habitants, et voulant d'ailleurs empêcher toute désertion vers des localités

(*) Jean Houillon sut se rendre fort utile à sa nouvelle patrie. Il tint pendant longtemps les registres de l'Hôtel-de-Ville avec un ordre qu'on peut encore admirer aujourd'hui. En 1652, le gouverneur de Rosières lui fit subir une détention de 47 jours, par suite de l'impuissance où se trouvaient les habitants de Gerbéviller, d'acquitter le montant de leurs contributions.

étrangères, réduisit à 4 francs les droits relatifs aux fils et aux filles de Gerbéviller, désireux d'y fixer leur résidence. Il fut prescrit en outre que tous les habitants, établis depuis douze ans, paieraient 4 francs et les veuves 2 francs.

Tous ceux qui se mariaient à Gerbéviller, ou qui y acquéraient le droit de bourgeoisie, plantaient chacun six étalons, poiriers ou pommiers sauvages, au lieu accoutumé et dans les circonstances atmosphériques les plus convenables. Ordinairement, ces plantations se faisaient sur le patis communal de l'Ohy, qui présentait alors l'aspect d'une véritable pépinière. Le produit de la vente des fruits constituait l'une des principales ressources communales. En 1628, ce revenu atteignit le chiffre de 174 francs.

Ce n'était pas seulement sur les redevances imposées aux nouveaux entrants que le marquis de Gerbéviller s'attribuait le *tiers denier*. Il prélevait encore cette taxe sur tous les produits des biens communaux mis à ferme. Cette prérogative comptait au nombre des trois espèces de droits féodaux qui pesaient sur Gerbéviller. Les deux autres consistaient :

1° En une taille de 28 paires 1 bichet et 160 francs barrois, plus 5 quarterons de blé et avoine, non compris une somme de 5 francs 9 gros, attribuée aux rédacteurs des rôles;

2° Dans la banalité des fours et des moulins. Cette dernière espèce de redevance était indivise avec MM. les abbés et Religieux de Beaupré. Il y avait dans les fours banaux un peseur de pâte, qui recevait pour ses peines une gratification de 68 francs. En 1689, les officiers de police se virent obligés d'interdire rigoureusement aux pauvres l'entrée des fours banaux, à cause des vols de pâte et de pain, qui s'étaient commis à différentes reprises.

Un quatrième droit féodal, l'impôt sur les liquides, fut établi en 1716. Il en sera question au chapitre suivant.

Antérieurement au XVIIe siècle, la justice était rendue, au nom des seigneurs, par les maires, les jurés, les doyens et les échevins. Mais dès 1598, le duc Charles III avait ordonné que les habitants de chaque commune se réuniraient annuellement dans une assemblée à laquelle on donna le nom de *plaid-annal*. Cette assemblée devait se tenir dans la quinzaine qui suivait la saint Remy. L'annonce en était faite aux bourgeois le dimanche précédent, à la sortie de la messe paroissiale, par le maire ou par les commis des municipalités. Tout habitant qui négligeait d'y comparaître encourait une amende de 5 francs. On s'occupait dans le *plaid-annal* de la création des maires, des gens de justice, ainsi que de celle des bangards, garde-chasse et gardes de bois, qui tous prêtaient le serment requis. On énumérait tous les droits, cens, rentes, redevances et l'on procédait à l'échaquement des amendes. Les gouverneurs et commis de ville y rendaient compte de leur gestion. Là s'élaboraient toutes les ordonnances de police, qui obligeaient les habitants, sous peine de payer au duc, pour les infractions, une amende de 5 francs, sans préjudice aux autres amendes infligées par lesdites ordonnances. Enfin, il était enjoint aux receveurs et contrôleurs de se trouver aux plaids pour y recevoir les droits, cens et revenus du prince. Toutes les amendes, celles de 5 francs exceptées, appartenaient par moitié au duc et aux fabriques des lieux.

A Gerbéviller, les plaids annaux se tenaient ordinairement sous la Halle, le jour de la saint Pierre et de la saint Paul.

Le 1er février 1687, les habitants de Gerbéviller, réunis en corps de communauté, avec la permission de M. le marquis, représentèrent à ce dernier que le concours de tous les bourgeois aux assemblées communales, et surtout la diversité des opinions émises, rendaient la collection des voix presque impossible. Désireux de voir remédier à cette cause de désordre, ils supplient

M. de Tornielle de vouloir bien autoriser l'établissement d'un conseil de ville, composé de douze bourgeois les plus notables et les plus expérimentés. Ces douze élus du peuple agiront, ajoutent-ils, au nom de toute la communauté, et administreront les affaires excédant la somme de 20 francs barrois. M. le marquis donna son assentiment aux justes réclamations de ses sujets et le conseil de ville fut formé des sieurs : René Galland, François Thiriet, Dominique Henry, René Jacquot, Nicolas Plaid, Claude Cordier, François Louis, Antoine Berger, Gérard Vicaire, Gérard Tacon, Simon Jeanmaire, François Gauthier (*). Cette nomination, expression des suffrages libres de 115 habitants environ, devait durer un an, sauf prorogation, si le besoin l'exigeait. Les honorables membres du nouveau conseil prêtèrent le serment d'usage le 4 février suivant, et chacun s'engagea, en cas d'absence non motivée, de payer une *boisson* de 2 francs (**).

L'auditoire de Gerbéviller se composait de huit personnes : le prevôt, le procureur fiscal du marquisat, deux maîtres échevins, deux députés et deux commis. Lors de la répartition aux habitants des subventions et autres charges, l'au-

(*) En 1707, par un décret du 7 décembre, Léopold réduisit à huit le nombre des conseillers.

(**) Archives de l'Hôtel de Ville de Gerbéviller.

ditoire s'adjoignait trois assesseurs; l'un représentait la classe *forte*, le second, la classe *moyenne*, et le dernier, celle qui était *la plus déshéritée*.

Pendant les dernières années de l'occupation de la Lorraine par les armées de Louis XIV, Gerbéviller eut un maire royal dans la personne de M. Nicolas Pouget, conseiller d'Etat. Ce personnage, originaire de Nancy, habitait rarement au milieu de ses administrés. Un tel magistrat, aux yeux de l'autorité, formait le contre-poids nécessaire des élus du peuple.

Voici, d'après un arrêté de Charles de Tornielle, quels devaient être, en 1655, les droits respectifs du prevôt et du commandant militaire, chargés de veiller à l'exécution des réglements de police et à la conservation de la ville de Gerbéviller.

« Le dict commandant aura l'autorité, cognoissance et correction de tout ce qui concerne la garde des portes et des murailles de la ville, l'ordre des dictes gardes, désobéissances et manquements que les bourgeois feront pendant l'exercice de la dicte garde, qu'il pourra chastier selon l'exigence des cas, l'emprisonnement des dicts bourgeois hors de faction estant de l'austorité du dict prevost.

» Le nombre des bourgeois que le dt commandant jugera mestre à la garde sera fourny par le dt prevost, qui les fera commander à la dte garde, et au cas de refus, retardement ou absence du dt prevost, le dt commandant les pourra choisir et faire commander, et à cet effet, employer les sergents du dt prévost sur lesquels, hors ces cas, il n'aura aucun commandemt, si ce n'est en une nécessité urgente.

» L'amende des bourgeois commandés à la garde par le dt prévost et y déffaillant, sera de cinq francs, qui demeurera au dt prevost. Les autres amendes arbitraires esquelles les dts bourgeois pourront estre condamnés por manquements, lesquels commis pendant la faction de leur garde, seront applicables à l'arbitrage du dt commandant, au profit des bourgeois qui seront de garde.

» L'assemblee des bourgeois en armes por la conduitte de la procession, au jour du très Sainct-Sacrement et octave, se fera d'ordonnance du prévost, et la garde des portes demeurera au dt commandant.

» L'auctorité de déffendre la communication aux villes infectées de la contagion appartiendra au dt commandant, mais les commandements de tenir les rues nettes (*), le soin d'administrer

(*) Les bourgeois de la ville étaient tenus de nettoyer le

les choses nécessaires aux pestiférés, le taux des vivres et auctr ordonnances de police, demeureront au dt prevost et cinq de ville, ntr fiscal appelé. L'exécuon des résoluons prises au subjet de la police estants de la charge du dt prevost, auxquelles résoluons le dt commandant se porra trouver, si bon lui semble.

» Et néantmoins en temps de contagion tant le dt prevost que tous les dts bourgeois sont obligez de rendre compte à la porte et entrée de ville de leur voiage, conversaon et fréquentaon, de mesme les dts bourgeois avoir permission du dt commandant por en sortir, et le dt prevost l'advertir.

« L'auctorité du commandt aux bourgeois des ville et faubourgs de Gerbéviller, en tous cas de justice tant ord[re] qu'extraord[re], et aux subjectz de la prevosté en tous faictz amandables et extraord[res], lorsqu'il y a requeste du fiscal, la publicaon des ordonnances sus dictes appartiendront au dt prevost, et la cognoissance et jugement des parties criminelles et extraord[re] au dt presvost, conjoinctemt avec ses officiers.

devant de leurs maisons et d'opérer le transport de leurs fumiers le samedi de chaque semaine. Les habitants des faubourgs devaient remplir ces mêmes soins de propreté deux fois l'an et les veilles des jours de procession.

»En cas d'exécuōn criminelle, la conduitte des prisonniers au supplice appartient aūdt prevost, qui commande aux subjectz de la prevosté de s'assembler en armes soubz la charge et soubz l'enseigne, de mesme qu'aux habitants de Haudonville, Remenoville et Moranviller, de faire la garde des portes, sans qu'il leur soit permis de s'en départir sans sa permission. Le commandant sus mentionné a le pouvoir de se porter et recognoistre aux dts portes, si la garde se fait duemment et pōr y commander pendant ladte exécuōn (*). »

Anciennement les taxes de pain, de vins, de viandes et les ajustements des mesures, balances et poids, étaient réglés par un juré, assisté d'un seul échevin, ce qui donnait souvent lieu à des soupçons malveillants. D'un autre côté, les jours et les heures destinés à l'accomplissement de cette obligation n'avaient rien de fixe. En 1655, une requête, présentée à M. le comte de Brionne, avait exposé cet état de chose. Le marquis ordonna alors que les taxes en question se feraient en la chambre de ville, par les gens de police, assistés du fiscal, tous les samedis au moins, vers deux heures de l'après midi. Quant au soin de l'ajustement des mesures, il restait

(*) Archives de l'Hôtel de Ville de Gerbéviller.

aussi à la charge des mêmes fonctionnaires, qui devaient, dans ce but, se rendre au domicile des personnes sujettes à la surveillance. Pour éviter l'abus qui se commettait à la distribution des viandes de boucherie, lesdits sieurs de police, avec les jurés de la maîtrise des bouchers, reçurent l'ordre de se transporter, tous les samedis, chez les vendeurs, pour y visiter et reconnaître les bêtes que ceux-ci se proposent de livrer au débit. Dans ce cas où les viandes exposées ne se trouvaient pas avoir les qualités requises par la taxe, lesdits experts lui faisaient subir une diminution, selon leur conscience. Les bouchers ne devaient point découper leurs viandes avant que la visite n'en eût été faite. . . . . .

Pendant quelques années ces sages dispositions reçurent leur exécution. Mais en 1689, nous retrouvons à ce sujet de nouvelles plaintes des habitants. Ils exposent qu'au milieu des malheurs des guerres, ils ont dû, à défaut de gens capables, recourir souvent aux lumières des officiers de justice. Ceux-ci, ajoutent les pétitionnaires, forts de leur supériorité, se seraient attribué les droits les plus illégitimes. Ainsi, à l'époque dont nous parlons, ils exerçaient les fonctions de gens de police et établissaient toutes sortes de taxes, abus diamétralement opposé à l'administration de la justice, qui ne doit connaître qu'en cas d'abus et de grandes difficultés. Les assemblées manquaient d'ailleurs de décence. On y voyait des boulangers, des bouchers se disputant leurs intérêts et tenir publiquement, contre lesdits sieurs de justice, les propos les plus déplacés. Aussi les suppliants demandaient-ils la mise à exécution des anciens réglements, surtout en ce qui touchait la fixation du jour d'audience.

Les foires et marchés se tenaient, avons-nous dit, sous les Halles. Les premières foires autorisées officiellement à Gerbéviller, le furent par un arrêté de Henry II, en date du 15 mars 1617 (*).

Veut-on savoir comment se recrutait la milice au XVIIe siècle? La pièce suivante nous l'apprendra. « Le 21 janvier 1691, en exécution de l'ordonnance de Monseigneur l'Intendant du 9 de ce mois de janvier, et par nous reçue le 19, par laquelle Gerbéviller est taxé à fournir 2 hommes au régiment de milice infanterie, composé de mille hommes en 20 compagnies, que le roi a résolu de mèttre sur pied dans les paroisses dépendantes des trois évêchés de Lorraine et Barrois ; nous, le prévost et gens de police de Gerbéviller, soussignés, avons fait assembler à la

(*) Archives de Lorraine. *Registre des lettres patentes.* Gerbéviller.

sortie de la messe paroissiale de ce dit lieu, ce dit aujourd'hui, les jeunes hommes non mariés de l'âge de 20 ans jusqu'à 40, pour choisir deux des plus capables d'entre eux, pour satisfaire humblement au désir de la dite ordonnance. Et après les avoir tous bien considérés, nous avons choisi, élus et dénommés, Claude Thiriet et Nicolas Thouvenel (*). »

En tous temps, nos aïeux portèrent dans leurs manifestations religieuses les dehors de la plus édifiante piété. Comme on a pu déjà en faire la remarque, les bourgeois tenaient à honneur d'accompagner le Saint-Sacrement, le jour de la Fête-Dieu et le dimanche qui suivait. La commune faisait venir de Moyen un fifre et un tambour. Elle fournissait en outre, aux hommes armés, des mèches, dont le nombre, pour les deux jours de cérémonie, ne s'élevait pas à moins de 42 douzaines. Le sergent chargé de la conduite des soldats, ainsi que le fifre et le tambour, recevaient une gratification de 5 francs.

En 1699, on avait invité les sieurs Gérard et André Vicaire, joueurs de violon, à venir payer leur tribut d'hommages et de talents à la procession du premier jour de l'octave de la Fête-Dieu. Il leur fut offert dix sols à chacun pour leur ma-

(*) Archives de Gerbéviller.

tinée, ainsi que cela s'était toujours pratiqué. Nos artistes déclinèrent l'invitation sous prétexte qu'ils voulaient être payés sur le pied de 30 sous chacun. Par l'ordre du prévot, le mauvais vouloir des sieurs Gérard et Vicaire fut puni d'une amende de deux livres de cire. On leur enjoignit en outre de se trouver à la procession des Carmes, qui devait avoir lieu le soir du lendemain, avec menace d'une amende double (6 livres de cire chacun), en cas de récidive (*).

En 1633, malgré la désolation qui régnait dans le pays, Gerbéviller fit fondre les deux cloches que possédait l'église paroissiale et les remplaça par trois autres d'une sonnerie plus forte et plus agréable. Messire Gaston de Tornielle fut l'un des parrains. Dans cette circonstance, la communauté acheta, une première fois, au sieur de La Moth, de Saint-Dié, 980 livres de métal pour 733 fr., c'est-à-dire à raison de 9 gros la livre. Plus tard, on fit encore l'acquisition de 142 livres de métal au prix d'un franc la livre. La troisième cloche, qui donnait le *fa*, fut l'œuvre des fondeurs de Chaumont qui reçurent pour leurs peines une rétribution de 140 francs (**).

(*) Archives de Gerbéviller.
(**) Archives de Gerbéviller.

La présence des RR. PP. Carmes à Gerbéviller était, pendant le cours du XVIe siècle, une bonne fortune pour les tendances pieuses de nos vénérables ancêtres. Ces religieux possédaient au faubourg Saint-Pierre, une maison, avec un puits sur le devant. La municipalité leur accordait la remise des impositions attribuées à cet immeuble, à la condition qu'ils prêcheraient gratuitement à la paroisse le Carême et l'Avent (*).

Les enfants ne fréquentaient guère l'école que pendant l'hiver; dans les autres saisons, ils étaient employés au pâturage. Quant au maître d'école, il réunissait à ses fonctions principales celles de marguillier, de chantre, si incompatibles avec le bon accomplissement de ses devoirs. Ordinairement la municipalité, sur l'avis de M. le curé, l'engageait pour trois années à l'époque de la saint George. Toutefois, elle se réservait le droit de résilier le bail, en prévenant l'instituteur trois mois avant l'expiration de l'engagement. On exigeait de lui qu'il enseignât la lecture, l'écriture, l'orthographe, l'arithmétique et le *latin* (**) à ceux de ses élèves qui le désireraient. Il devait,

(*) Archives de Gerbéviller.

(**) Ce mot, sur le bail que nous avons sous les yeux, est évidemment employé pour *la lecture du latin*.

en outre, apprendre la manière de servir à l'église non seulement aux jours de dimanches et de fêtes, mais encore aux messes qui se disent pendant la semaine des Trépassés, à celle de saint Joseph, aux Vêpres des veilles de fêtes et de dimanches. On l'astreignait à chanter avec ses élèves les litanies de la sainte Vierge à l'issue des Vêpres, et tous les soirs le *Salve Regina*. Mais la première de ses obligations, entre toutes, consistait à apprendre les prières du matin et du soir, le catéchisme et le devoir du chrétien. Il devait enfin montrer gratuitement le *plain-chant* aux écoliers ambitieux de figurer au lutrin.

En retour, les habitants s'obligeaient à lui envoyer leurs enfants, sans qu'ils pussent confier leur éducation à toute autre personne établie à Gerbéviller. Il n'était fait d'exception qu'en faveur des filles, qui fréquentaient la maison des religieuses.

Le maître d'école recevait des élèves qui apprenaient à lire 2 sous par semaine; de ceux qui commençaient à écrire, 2 gros; de ceux qui étudiaient l'orthographe et le calcul, 3 gros; de ceux enfin qui s'occupaient du latin, 4 gros.

La commune lui assurait un traitement de 120 francs, payables par trimestre. Elle lui abandonnait la maison d'école avec ses aisances et dépendances, le droit de l'eau bénite qui se portait les dimanches dans toutes les maisons; une portion de bois et la franchise; enfin, les revenus d'une fondation de 5 francs accordés pour la récitation du *Salve Regina*, qui se disait chaque jour à la paroisse, devant l'autel de la sainte Vierge, comme aussi toutes les autres rétributions d'église dépendantes du casuel (*).

Telle était la condition faite au maître d'école. Un revenu de 200 francs devait lui suffire pour vivre et élever sa famille. Cette position, assez voisine de la misère, obligeait la plupart des instituteurs à suivre quelque profession manuelle ou à travailler avec les moissonneurs. Par ce moyen seulement, ils pouvaient suffire à l'entretien de leur famille, bien des fois réduite au strict nécessaire. Quelle vénération pouvaient avoir pour leur instituteur les fils de nos campagnards, habitués dès l'enfance à mesurer le mérite à la fortune, lorsqu'ils voyaient ainsi leur maître louer ses bras et se confondre avec les valets de ferme de leur père. L'autorité morale, si nécessaire pour inspirer aux enfants le goût de l'étude, et les amener à la pratique du bien, cette autorité morale, l'instituteur ne pouvait l'avoir. Déjà, à cette époque, on oubliait,

(*) Archives de l'Hôtel de Ville de Gerbéviller.

dans la rétribution affectée aux emplois, que le vulgaire est tout-à-fait positif, et qu'il n'accorde sa considération qu'à celui qu'il croit au-dessus de lui par la fortune (*). Une autre circonstance, qui n'était que trop propre à détruire chez l'instituteur son caractère éminemment moral, c'était la forme même du concours qui présidait à sa réception. Dans toute commune où il s'agissait de pourvoir au remplacement de l'instituteur, chaque conseiller municipal présentait son protégé. Après quelques épreuves insignifiantes, on faisait un choix préalable, plus ou moins bon. L'épreuve décisive devait avoir lieu en présence de tous les habitants. Le beffroi du village appelait les fidèles à l'église, non cette fois pour prier Dieu, mais afin d'ouïr chanter les candidats. (Personne n'ignore qu'à cette époque tous les instituteurs cumulaient les fonctions de chantre, sacristain, bédeau, sonneur, etc.) On ouvrait donc gravement le missel du lutrin, et hommes, femmes, enfants, montés sur les bancs, l'oreille tendue, écoutaient les postulants s'escrimer à pleins poumons. Enfin, la couronne était décernée ; elle devenait toujours le partage de la plus grosse voix. On faisait peu de cas de l'harmonie et de la justesse.

(*) L'*Echo des écoles primaires*. Année 1840.

A Gerbéviller, de même que dans le pays vosgien, on dansait le dimanche de Quadragésime après les Vêpres. Les garçons et les filles se réunissaient, au sortir de l'église, dans les lieux consacrés à cet usage et que l'on appelait la *bure*. Là, ils se partageaient en deux chœurs, composés l'un de garçons, l'autre de filles; puis ils formaient la chaine pour danser le rondeau. Les deux chœurs, faisant trois révolutions, chantaient ensemble à trois reprises, *Qui marierons-nous?* Le rond des filles répondait en nommant celle de leurs compagnes la plus âgée ou la plus digne du titre d'épouse. L'élue quittait la chaine pour se placer au centre et attendre l'amant qu'on lui destinait. Les deux chœurs continuaient à chanter et à danser, en décrivant trois révolutions à chacune desquelles l'élue répétait en refrain : *J'aimerai qui m'aimera*. On renouvelait la première question, dans les mêmes formes, pour le choix d'un amant, et le chœur des garçons l'indiquait. Le couple une fois désigné, les deux jeunes gens étaient conduits l'un près de l'autre, et les chœurs, chantant et dansant, faisaient encore trois révolutions autour des élus; à chacune desquelles les deux chœurs leur ordonnaient de s'embrasser; puis les amants rentraient dans la chaine et ne se quittaient plus. On agissait ainsi tant qu'il y avait des couples à unir. On appelait ce jeu *donner les faschenottes* (*). Cependant les filles abandonnaient un moment leurs amants pour allumer, avec les brandons apportés de l'église, les bures autour desquelles on devait reprendre le rondeau et danser jusqu'à l'extinction des feux. Chaque couple s'emparait d'un tison et se dirigeait vers la maison de la fille, sous la surveillance des parents qui avaient assisté à la danse. De ces jeux, dont l'origine remontait au culte de Diane ou de la lune, naissaient presque tous les mariages de l'année.

On dansait encore à la fête patronale. Le seigneur et le prévôt ouvraient les bals champêtres. A eux seuls appartenait la première danse. Dans les villages de leur juridiction, ils déléguaient ce droit au maire ou aux personnes qu'ils voulaient grandement honorer. Ils présidaient de même aux réjouissances des familles, lorsqu'on les y conviait.

Tous ces usages furent généralement abandonnés au commencement des guerres du XVIIe siècle. L'infernal Remy, cette âme damnée des sorciers, y avait d'ailleurs mis des entraves en dévouant aux bûchers tous les peuples danseurs. Plus tard, Léopold interdit la danse les

(*) *Faschenottes*, du latin. *fascinatio*, charme, enchantement.

jours de fête, sous peine d'amende contre les seigneurs hauts justiciers qui l'auraient permise. L'édit, qui est du 15 avril 1720, leur laissait la faculté d'accorder ce genre de récréation, pour vingt-quatre heures, un jour ouvrable. Aujourd'hui les rondeaux sont devenus fréquents, et la danse forme le complément nécessaire des réjouissances de chaque dimanche. Mais, il faut le reconnaître, on y chercherait vainement la décence qu'y apportaient nos aïeux. Les bons rapports entre les diverses classes ont également disparu sous l'empire de la coquetterie et de ce travers de notre siècle, qui porte la plupart des hommes à se croire déplacés dans la compagnie de ceux dont la fortune est inférieure à la leur.

Au XVIIe siècle, l'ignorance entretenait d'autres usages devenus rares, et qui, dans le but de réprimer un désordre de famille, en faisaient un scandale public. Par exemple, lorsqu'un homme avait la faiblesse de recevoir une correction de sa femme, son voisin en répondait à la société. C'était une espèce d'assurance mutuelle entre les hommes mariés. On le faisait, de gré ou de force, monter sur un âne, et on le promenait ainsi dans toute la ville, assailli de risées et de railleries. Ces scènes populaires se terminaient ordinairement par la révélation de tous les défauts personnels du patient et du voisin battu.

Un autre usage qui a résisté au temps, mais qui heureusement perd chaque jour de sa force, c'est le charivari que l'on donne aux veufs des deux sexes qui passent à de nouvelles hyménées, quel que soit l'intervalle entre la dissolution de la dernière société et la nouvelle union. Cet usage, très-respectable dans son principe, avait pour but de faire observer les convenances et de protéger les intérêts des mineurs, souvent spoliés par de nouvelles alliances. Le droit canonique, qui a régi si longtemps la Lorraine, mettait en honneur les secondes noces pour la conservation des mœurs; mais aucune loi civile ne limitait les sacrifices imposés par de nouvelles affections au détriment des enfants du premier lit. Les secondes noces furent alors flétries par l'opinion. C'est ainsi que la conscience publique supplée à l'imprévoyance du législateur (*).

(*) Gravier. *Histoire de la ville de Saint-Dié.*

CHAPITRE VII.

DE L'AN 1700 A L'AN 1800.

SOMMAIRE.

La paix renaît avec Léopold. Funérailles de son glorieux père Charles V. Léopold à Gerbéviller. Noble simplicité de la cour. Le prince Clément et les habitants de Fraimbois. Mort de M. Laurent, curé. La commune dote l'église paroissiale d'un jeu d'orgues. Terrible hiver de 1709. Le chirurgien François Leclerc. Héritiers de Gaston de Tornielle. Etablissement d'un droit d'octroi à Gerbéviller au profit des seigneurs. Comment la terre de Gerbéviller passa de la famille des Tornielle dans celle des Lambertye. Précautions sanitaires. Le pont de Chanteraine en 1752. Situation comparative de Gerbéviller dans le cours des années 1757 et 1758. Nouvel état de situation en 1762. Débats de la commune avec les RR. PP. Carmes. Mort de M. le curé Agathe. Mort de M. Camille de Lambertye. Rupture des anciennes vannes du moulin. Demande de délimitation des territoires de Gerbéviller et d'Haudonville. Le *Te Deum* de 89. Etat des biens possédés par les ecclésiastiques sur le territoire de Gerbéviller. Fête patriotique du 14 juillet 1790. Conclusion.

Par le traité de Riswick, signé en 1697, la Lorraine reconquit son indépendance et son caractère national. Le 10 novembre 1698, Nancy fut témoin de l'entrée triomphale du jeune duc Léopold dans ses états. Alors commença cet âge d'or de 30 années, qu'on nomme le règne de Léopold ; règne d'une félicité, d'une perfection idéale, auquel il est difficile de rien trouver de comparable dans l'histoire, et dont l'esquisse tracée par une main célèbre et presque contemporaine, forme la plus belle page, peut-être, que Voltaire ait jamais tracée (*).

A son entrée en Lorraine, Léopold s'était fait suivre par les restes mortels de son glorieux père Charles V, le vainqueur des formidables armées du grand-seigneur. De brillantes funérailles furent faites à ce prince, qui n'entra jamais dans la capitale de ses Etats que couché au fond d'un cercueil triomphal. Par une délibération du 7 avril 1700, les sieurs Laperrière et Micard furent nommés pour représenter à cette auguste cérémonie la communauté de Gerbéviller. Ils demeurèrent à Nancy pendant huit jours et reçurent chacun une allocation de 8 francs et demi par jour.

L'année même de son avènement au trône, Léopold vint visiter Gerbéviller. La communauté s'empressa d'envoyer au-devant de ses

(*) G. Dumast. *Nancy. Histoire et Tableau.*

meubles, qui furent logés à Lunéville. Le prince avait à sa suite une compagnie d'Irlandais qui reçut de la part des habitants l'accueil le plus cordial. On offrit au duc les plus beaux produits de la Mortagne. En 1706, les habitants de Gerbéviller revirent leur bon duc (*). L'année sui-

(*) En arrivant en Lorraine, Léopold trouva le pays totalement ruiné par suite de l'occupation des Français. Les bêtes féroces, les loups peuplaient la contrée ; les chemins étaient couverts d'épines, et, dans trente-une villes ou bourgs, on ne comptait plus que 8,548 feux. Le prince, comme un astre bienfaisant, rendit la vie à tout. A sa voix, les Lorrains, qui s'étaient enfuis de leur malheureuse patrie, s'empressèrent de rentrer dans leurs foyers déserts. Le pays se repeupla, et la terre, restée inculte, redevint fertile. Il alla au-devant des besoins des cultivateurs, en leur fournissant des semences et des bestiaux. Il fit venir, pour leur usage, des chevaux d'origine turque, petits, très-nerveux, faciles à nourrir, et qui, à cause de l'exiguïté de leur taille, avaient l'avantage, non moins précieux, de ne pouvoir être enlevés aux cultivateurs pour les besoins de la guerre, ni pour la remonte de la cavalerie. Léopold diminua de beaucoup les charges et les impôts établis. Il favorisa les mariages en imposant plus les célibataires que les pères de famille. Ce prince ne voulait pas que le soleil, en se levant, trouvât, sur ses Etats, un seul homme dans l'oisiveté; il réprima la fainéantise, proscrivit les vagabonds sous des peines très-sévères, et défendit la mendicité. Par des fêtes auxquelles il conviait ses sujets, Léopold contraignit la noblesse et les gens riches à faire une très-grande dépense, tant en toilette qu'en équipages. Il pensait par là faire du bien au peuple et au commerce; car il est utile à l'Etat que l'homme fortuné dépense ses revenus, et que l'ouvrier qui vit d'indus-

vante, ce fut au tour des princes et des princesses d'honorer notre cité de leur présence. Dans ces diverses circonstances, Gerbéviller envoyait chercher des canons à Lunéville. Un sieur Joseph Galland les tirait. Il recevait 3 francs pour son salaire. Vingt bourgeois étaient mis

trie soit économe. L'avare qui accumule trésor sur trésor est une calamité dans l'ordre social. Aussi on ne voyait pas, comme aujourd'hui, les gens riches donner des leçons d'économie, se vanter d'obtenir à vil prix le travail d'un père de famille; et les gens d'une fortune médiocre, offrir des exemples de générosité. Les gens du bon ton d'alors ne se classaient pas par le nombre de leurs sacs d'écus, comme les marchands hollandais par la quantité de leurs tonnes d'or. Sans doute, la fortune est utile; elle donne du crédit, mais pas de considération, du moins aux yeux des esprits sensés. Aussi, les gens vraiment nobles, préfèrent-ils l'honneur aux écus. Il fallait donc, pour être bien accueilli de Léopold, faire un généreux usage de ses richesses. Le duc savait, par ses largesses, par des places, surtout par des égards et des déférences, indemniser les seigneurs de sa cour qui manquaient de fortune. Il imagina, pour venir au secours d'un noble chevalier de l'empire qui se trouvait dans le besoin, de lui proposer une partie de billard; Léopold perdit une somme assez considérable. On plaignit le duc de ce qu'il jouait si malheureusement : « Au contraire, répondit-il, jamais la fortune ne m'a mieux servi; mais je devais seul m'en apercevoir. » (Noël. *Mémoires pour servir à l'histoire de Lorraine*, n° 5.)

Léopold fut un prince pieux. Sa dévotion n'avait rien d'ostensible; elle ne différait aucunement de celle d'un simple particulier. Souvent il assistait à la messe, confondu avec ses sujets. Il avait l'usage d'aller à la sainte table une fois par

sous les armes pour accompagner les illustres visiteurs; un joueur de hautbois faisait retentir l'air des plus beaux chants patriotiques. Par sa popularité et sa simplicité, la cour enchantait nos bons aïeux. Croirait-on qu'un jour la princesse Elisabeth-Thérèse, qui depuis fut reine de Sardaigne, étant venue d'Einville à Lunéville avec son père, et le voyant retenu par ses affaires, préféra retourner à Einville sur le char d'un fermier plutôt que de monter dans un équipage de la cour? La femme du bon paysan la ramena à sa mère et lui dit: *Elle ato ben gentille.* Touchant exemple de cette humilité qui porte les grandes âmes à descendre vers les êtres les plus simples pour les élever jusqu'à elles!

Le prince Clément, fils de Léopold, avait des manières non moins cordiales. Dans ses excur-

mois. Au jour de Pâques, il communiait à sa paroisse, à la tête de sa famille, sans plus d'apprêt pour lui que pour les domestiques de sa maison ou le menu peuple qui voulait le suivre. On avait ordre, quand on devait porter le viatique à un malade, de le prévenir; souvent ce prince sortait pour se joindre au cortège, entrait dans la chambre du moribond, et ne retournait au château que lorsque toute la cérémonie était terminée. Lorsqu'à une conduite semblable on joint une probité intègre, des mœurs irréprochables, de la tolérance et de la charité, on doit mériter avec le ciel la vénération de tous les hommes. Noël. (*Mémoires pour servir à l'histoire de Lorraine.*)

sions de chasse, étant allé un jour jusqu'à Fraimbois, il demanda pour se rafraîchir, du lait qu'il trouva délicieux. Les habitants, enchantés de ses manières affables, lui exposèrent leur pitoyable état. Le prince, après avoir payé généreusement ce qu'il avait reçu, promit de faire du bien à ces malheureux campagnards. De retour au château de Gerbéviller, où se trouvait alors Léopold, le jeune homme dit à son père : « Comment se peut-il qu'il y ait des pauvres dans vos Etats? » La pauvreté, répondit le duc, est souvent le résultat de la paresse ou de l'ineptie.

Nous ignorons quel bien le prince fit aux habitants de Fraimbois; toujours est-il que ceux-ci croyant devoir lui témoigner leur gratitude, vinrent tous pour lui offrir du lait. Ils en apportèrent des jattes remplies. Celui qui devait prononcer le compliment avait bien recommandé à ses compagnons de faire comme il ferait, *vo fera tortot comme nô*. Or, l'orateur étant entré dans un appartement bien ciré et glissant *chûyant*, tomba *cheut*, et répandit son lait aux pieds du prince. Tous *tortot* en firent autant, et en un instant, la pièce fut inondée de lait. Cet hommage singulier, rendu au prince, fit beaucoup rire la cour. Cependant, on rassura ces pauvres visiteurs en leur servant à boire; mais les gens de M. de Tornielle les chassèrent à coups de balais et de torchons. Telle est, dit-on, l'origine de la réputation de simplicité des habitants de Fraimbois. Hâtons-nous d'ajouter que la libation de lait aux pieds du prince n'est que traditionnelle. « Rechercher, dit à ce sujet le savant M. Noël, rechercher l'origine des réputations ou des épithètes données à diverses localités, pourrait offrir un vif intérêt. Ainsi, les gens de Mirecourt sont appelés *Hoche-culs;* ceux de Neufchâteau, *Ventre de sons;* de Remiremont, *Foiroux;* de Gerbéviller, *Têtes de veaux, vérets;* de Méyon, *Boucs;* de Vallois, *Lampons*, etc. On sait que M. Uzier, curé d'Einville, pour venger ses paroissiens, qui se croyaient offensés du surnom de *Corbeaux*, fit un livre devenu célèbre et fort recherché, intitulé le *Triomphe du Corbeau.* Si les hommes lettrés des autres lieux avaient imité cet exemple, nous aurions peut-être des ouvrages remarquables sous les noms de *Hoche-culs*, de *Vérets*, de *Lampons*, etc. (*).

En 1704, le troisième jour de décembre, Gerbéviller perdit son vénérable curé, Messire François Laurent, aumônier de Son Altesse royale. Cet ecclésiastique distingué est le premier des administrateurs de la cure de Gerbé-

(*) Richard. *Contes populaires, traditions,* etc. — Noël. *Mémoires pour servir à l'histoire de Lorraine,* n° 5.

viller qui a signé les actes de baptêmes. Le premier acte revêtu de son seing est celui de Renée-Jeanne Bertrand, baptisée le 17 novembre 1681. Les actes antérieurs, qui remontent à 1614, sont du plus grand laconisme et privés de toute attestation. M. Laurent avait succédé à Messire André Guichard, inhumé à la paroisse, le 9 avril 1671. Comme son devancier, M. Laurent fut enterré dans le chœur de l'église, au pied du grand crucifix.

M. Laurent eut pour successeur Claude Mangin. C'est à ce dernier que l'église paroissiale est redevable des premières orgues. Elles furent faites par le facteur Claude Legros, demeurant à Metz. Le traité passé entre lui et la commune est du 14 décembre 1706. Le jeu fut posé le jour de la fête de la Trinité 1707. Il coûta la somme de 1,550 livres tournois. 50 francs furent payés comptant au sieur Legros. La commune s'engagea à acquitter le reste en cinq paiements de chacun 300 livres, d'année en année (*).

(*) Vers le commencement du XVIIIe siècle, Gerbéviller donna naissance à un organiste et savant mécanicien du nom de Marchal. Cet artiste était fort connu à Nancy par ses serinettes, et par des automates qui exécutaient divers mouvements et rendaient les sons de la nature. Il est mort vers 1750, laissant imparfaits beaucoup d'ouvrages curieux. Michel. *Biographie des hommes marquants de la Lorraine.*

Léopold eut le malheur de voir ses sujets victimes de l'hiver mémorable de 1709. Le 6 janvier de cette année fatale, il commença à geler extraordinairement fort. La veille, il avait plu tout le jour, et l'eau continua à tomber jusqu'à minuit. Alors s'éleva un vent du nord tellement glacial, que, le 8, les rivières étaient entièrement prises. Un froid des plus rigoureux se fit sentir. Il dura 10 à 12 jours, et devint tellement intense, qu'il était impossible de le soutenir; on fut même forcé d'abréger l'office divin. Ce grand froid causa des maladies de poitrine ; un nombre infini de personnes en moururent. Enfin, le 25 janvier, la température s'adoucit ; il dégela pendant 7 à 8 jours. Mais, peu de temps après, il recommença à geler, et telle fut la rigueur du froid que les vignes, les arbres, et même les blés en herbe furent frappés de mort. Le 10 février vit s'éteindre cet affreux fléau. Les ravages qu'il fit sont indicibles. Le sieur Vanières, qui était dans le Midi de la France, où cet hiver fut probablement moins rigoureux qu'en Lorraine, trace le tableau suivant des dégâts causés par ce froid épouvantable : « Les moissons desséchées jaunirent et tombèrent couchées sur des sillons glacés; les chênes, fendus avec de bruyants éclats, firent retentir au loin les forêts; l'hiver dompta Bacchus, même dans ses manoirs sombres et voûtés; tout périt, troupeaux, hôtes des bois, habitants des airs. Tout commerce fut interrompu; les travaux de la campagne cessèrent; le barreau fut sans voix. L'eau que l'on jetait en l'aïr, déjà gelée lorsqu'elle tombait, résonnait sur la terre comme la grêle. » M. Durival cite ce passage comme applicable à notre pays (*).

Pour comble de malheur, les magasins se trouvèrent vides, grâce à l'insuffisance de la récolte de 1708. Il ne restait aucune ressource contre la disette; car la pomme de terre, quoique cultivée depuis 50 ans dans les Vosges, et particulièrement dans le canton de Saint-Dié, était inconnue à nos aïeux. Dans ces tristes circonstances, Léopold avait, dès le mois de novembre 1708, rendu des ordonnances pour assurer la subsistance de ses sujets. Par son ordre, des commis-

(*) Durival. *Description de la Lorraine.* — Qu'on se figure l'excès de misère qu'éprouvaient les couvents de l'Ordre des mendiants : leurs cloches d'alarme tintaient sans cesse. Léopold, sollicité de venir au secours de l'un de ces couvents, et n'ayant ni argent, ni nourriture à lui donner, abandonna au prieur des lettres de noblesse en blanc, marchandise qui, à cette époque, valait trois mille livres pièce. Le couvent, poursuivi par un charcutier, en paiement de deux flèches de lard et de quelques douzaines d'œufs, se crut fort heureux que le sieur T.... voulût bien accepter, en échange de sa créance une de ces lettres de noblesse. Noël. *Mémoires pour servir à l'histoire de Lorraine*, n° 5.

saires allèrent arrher chez les négociants et les rentiers quantité de froment. Le duc payait de ses deniers, le 10e du prix de cette denrée. On leur permettait de vendre eux-mêmes ces blés au peuple par petites parties, au prix fixé, et l'on retirait les arrhes. La défense d'exporter ne regardait d'abord que le froment ; mais Léopold fut bientôt obligé de l'étendre sur le méteil, le seigle, l'orge et l'avoine, qu'il ne permit de débiter qu'en détail et à ses sujets. Une visite domiciliaire faite à Gerbéviller le 19 avril 1709, par le prévôt, le procureur fiscal, accompagnés de deux conseillers et du greffier ordinaire, eut pour résultat de constater l'existence de 1,147 resaux de blé. 754 personnes furent trouvées nanties de blé, et 609 dépossédées complétement de ce genre de ressources (*). Le 25 avril, l'avoine fut taxée à 12 fr. le resal de Nancy, et il fut interdit, sous peine de la vie, d'exporter des grains. On faisait du pain avec un mélange d'un tiers de froment et de deux tiers d'avoine. Il n'était permis qu'à quelques boulangers de faire du pain blanc pour les malades seulement, et pour les personnes de distinction. Le nombre des bangards fut augmenté, afin d'empêcher l'enlèvement des épis avant leur maturité. On défendit de nourrir

(*) Archives de Gerbéviller.

des pigeons domestiques. Des priviléges furent accordés à ceux qui prêtaient ou vendaient des grains pour les semailles. Les blés de mars, de même que l'orge, l'avoine, promettaient une récolte abondante ; mais peu de froment avait échappé à la gelée : cette petite quantité fut destinée aux semailles, et remplacée par du blé des récoltes précédentes, que Léopold fit venir d'Allemagne. Chaque lieu fut obligé de se charger de ses pauvres et de les empêcher d'aller ailleurs.

Ces tristes circonstances firent connaître un homme dont l'histoire doit garder le nom et la mémoire; c'est le chirurgien Sébastien Leclerc. Le talent et la vigilance de cet estimable personnage furent d'un grand secours aux habitants de Gerbéviller, surtout pendant le cours de la malheureuse année dont il vient d'être question. Léopold, qui savait apprécier et reconnaître les services rendus, accorda à notre grand concitoyen des marques de sollicitude toutes particulières. Par un édit du 10 février 1711, il le nomma au grade de chirurgien ordinaire de sa personne. Voici les termes mêmes de l'édit : « Voulant traitter favorablement notre aimé sujet naturel François Leclerc, maître chirurgien, demeurant à Gerbéviller, et lui donner des marques particulières de notre estime sur le louable rapport qui nous a été fait de son mérite et de son habileté et expérience en la profession, de même que de sa vigilance, bonne conduite, fidélité et affection à notre service.

» Pour ces causes et autres bonnes considérations, nous lui donnons et conférons un office de chirurgien ordinaire de notre personne, pour l'avoir, exercer et en jouir, aux honneurs, droits, franchises, exemptions, prérogatives et privilèges qui y appartiennent. » Messire François Leclerc mourut quatre ans après sa nomination au poste de chirurgien de Son Altesse. Ses cendres reposent du côté gauche de l'église, sous cette inscription aussi modeste qu'incorrecte : « Cy-gît Honorable N. François de Sain dit le clère, garson cy-devant médecin à Gerbéviller, lequel a dessedé le 25 mai 1715. »

A Messire Gaston de Tornielle, l'homme généreux et libéral dont nous avons entretenu nos lecteurs, avait succédé son jeune frère, Henry Hyacinthe de Tornielle, comte de Deuilly et de Brionne, baron de Beaufremont et de Bulgnéville, seigneur de Valhay, gouverneur et bailli de Lunéville, capitaine des gardes du corps de Charles IV, conseiller d'État du duc Léopold, et maréchal de Lorraine. Ce seigneur avait épousé Marie-Marguerite-Angélique de Thiercelin, fille de Charles, marquis de Brosse, seigneur de Saverne, etc., et de Marie de Vienne, cousine-germaine du maréchal de

Luxembourg, descendant elle-même de Charles de Thiercelin, marquis de Brosse, etc., et de Henriette de Joyeuse, baronne de Saint-Lambert, dont elle était petite-fille. De ce mariage sont issus : Anne-Joseph, dont nous allons parler, et Henry Hyacinthe, comte de Tornielle, seigneur de Valhay, grand aumônier de Lorraine et grand doyen de la Primatiale, qui mourut en 1756.

A peine en possession du titre de marquis de Gerbéviller, Anne-Joseph de Tornielle s'occupa à faire résilier toutes les ventes et aliénations faites, depuis trente ans, des biens et rentes dépendant du marquisat de Gerbéviller. Sa supplique à Léopold, que le hasard nous a fait découvrir dans les archives de Fraimbois, porte : « Que feu Monseigneur Gaston Jean-Baptiste, comte de Tornielle et de Brionne, son oncle, se voyant sans enfants, n'eut pas beaucoup de soin pour conserver les biens anciens de sa famille à ses héritiers présomptifs, puisque non seulement il créa quantité de dettes qui en ont absorbé une bonne partie, mais aussi qu'il aliéna et démembra des dépendances considérables du marquisat de Gerbéviller, et le réduisit mesme, par des servitudes qu'il établit sur le reste, à une terre médiocre.

« Le dit seigneur supplie Son Altesse royale de lui octroyer de faire résilier toutes les ventes et aliénations faites depuis trente ans des terres, seigneuries, biens et rentes dépendantes du ci-devant marquisat de Gerbéviller, de droit inaliénable par le vassal sans le consentement du souverain, qui en est seigneur dominant. » L'octroi du duc suivit de près cette supplique. Il porte la date du 4 décembre 1708.

Peu satisfait de se retrouver en possession du vaste territoire sur lequel avaient jadis régné les Jean de Wisse, les Olry Duchâtelet, Anne-Joseph de Tornielle, quelques années après, adressa au duc une nouvelle supplique tendant à l'autoriser à établir sur ses sujets de Gerbéviller un droit d'octroi, afin d'être mieux en mesure de briller à la cour du souverain. Cette réclamation, appuyée sur un aussi innocent motif, reçut avec la réponse suivante la sanction demandée : « Notre très-cher et féal le sieur Anne-Joseph comte de Tornielle et de Brionne, marquis de Gerbéviller, conseiller d'Estat, notre grand chambellan et bailli de Bar, nous a très-humblement représenté que le marquisat de Gerbéviller, qui lui appartient, est une terre des plus considérables de nos Etats, par ses titres et les droits de distinction qui y sont attachés, mais que si nous avions agréable d'y joindre celui d'y lever et percevoir un franc barrois sur chaque mesure de toutes sortes de vins, six gros sur chaque mesure de biere et de cidre, et deux francs sur chaque mesure d'eau-de-vie, qui se vendront et débiteront en détail dans le dit lieu, cela augmenterait encore l'illustration et le produit de la dite terre et donnerait lieu au dit marquis de Gerbéviller de soutenir toujours avec éclat le rang qu'il tient près de notre personne. Nous supplie très-humblement de lui accorder cette grâce, etc. » Cette exposition et le droit concédé par Léopold nous dispensent de tout commentaire. Deux mots encore sur le trop peu digne héritier du généreux Gaston de Tornielle. Un de ses amis s'étant permis de lui reprocher un jour son amour des richesses et son peu de souci des nobles vertus de sa famille, il reçut pour réponse ce mot du sceptique Montaigne, mot qui malheureusement ne peint encore que trop bien l'esprit de notre siècle : « *Quand on est élevé par la fortune, on n'a qu'à choisir la race dont on veut être.* » — Une autre fois, c'était à l'époque de l'occupation de Nancy par les Français, il osa proposer à Léopold de fuir de ses Etats pour se retirer en Allemagne : « Monsieur, lui dit le duc, en traçant un cercle autour de lui avec sa canne, il ne me resterait que cela, tant que je serai souverain, j'y demeurerais. S'il ne me restait que mon lit, je n'en bougerais pas (*). »

(*) Noël. *Mémoires pour servir à l'histoire de Lorraine*, n° 5.

Dieu accorde rarement les joies de la paternité à l'homme dont le cœur ne sait ni aimer ni donner; aussi, Anne-Joseph de Tornielle n'eut-il jamais d'enfant de son épouse Antoinette-Louise de Lambertye, fille de George, marquis de Lambertye, conseiller d'Etat, maréchal de Lorraine, bailli-commandant de Nancy (*), et de Christienne de Lénoncourt (**). Quelque temps avant sa mort, arrivée le 30 mai 1737, il choisit pour son héritier Camille de Lambertye, qui quitta son nom pour prendre, avec le titre de comte de Tornielle, les armes de cette illustre maison. Il épousa en 1746, Barbe-Françoise Hureau, fille de Joseph-François Hureau de Moranville, conseiller à la cour, et d'Elisabeth Vautrin. Cette femme lui apporta de grands biens,

(*) Pendant longtemps, le bienfait de la pomme de terre, cultivée depuis longtemps déjà dans l'arrondissement de Saint-Dié, ne s'était point étendu au reste de la Lorraine. Au milieu des guerres qui ne discontinuèrent presque jamais, nos bons aïeux n'eurent pas le loisir de s'occuper d'agriculture. En 1718, M. de Lambertye, ayant été envoyé à Londres pour saluer de la part de Léopold, le nouveau roi Jacques, rapporta de son voyage des pommes de terre qui furent trouvées meilleures que celles des Vosges. Alors on commença d'en planter un peu en Lorraine. Mais cette culture ne prit d'extension qu'en 1740. Noël. *Mémoires*, n° 5.

(**) En 1702, lors d'un voyage que firent à Gerbéviller Anne de Tornielle et son épouse, la communauté, par délibération du 27 août, décida qu'il serait fait un présent à Mme la marquise, d'une valeur de 100 écus.

qui, dans l'esprit de son époux, remplacèrent les vertus aristocratiques qu'elle n'avait point reçues en partage.

C'est ainsi que, par un don tout gratuit, la terre de Gerbéviller passa au pouvoir de la famille des Lambertye, qui en est encore aujourd'hui propriétaire.

En 1719, la commune de Gerbéviller obtint la permission de s'imposer extraordinairement pour une somme de 800 livres. Cet argent était en partie réclamé pour le rétablissement du pavé de l'église, la confection de bancs uniformes, et l'achat d'une grande quantité d'ornements qui manquaient à la paroisse. La ville avait en outre à établir plusieurs ponts et fontaines, et à rembourser aux dames religieuses d'un couvent de Nancy une somme de 400 francs, empruntés par contrat du 28 août 1675. Les bonnes religieuses, touchées de l'état de gène de la commune, firent à cette dernière la remise du tiers de leur créance et de tous les arrérages.

En 1722, la municipalité se vit obligée de rappeler à ses administrés l'ordonnance de S. A. par laquelle tous les particuliers, désireux d'aller de ville en ville et même de village en village, étaient tenus de prendre des billets de santé du lieu de leur résidence, savoir : dans les villes, des mains des secrétaires des Hôtels-de-Ville, et dans les villages, auprès des maires et échevins. A Gerbéviller, le greffier fit usage de cire d'Espagne sur laquelle il apposait le sceau de la commune. En 1700, la chambre de ville, informée qu'il s'était répandu dans les villages voisins, notamment en ceux de Seranville et Remenoville, un air infect, causant une maladie contagieuse, dont plusieurs personnes étaient déjà mortes, défendit, sous peine d'une amende de 25 francs, à tout habitant de recevoir dans leurs maisons aucuns particuliers qui viendraient desdits lieux, soit malades ou autrement.

En l'année 1747, le 17e jour de juillet, mourut C. Mangin, successeur de M. l'abbé Laurent. Il fut inhumé à la paroisse. Voici l'inscription placée sur sa tombe et qui se lit au côté droit de l'entrée principale de l'église : « *Ci gît Messire Claude-François Mangin, bachelier en théologie, curé de cette paroisse, qu'il a gouvernée pendant 40 ans, avec beaucoup de zèle et d'édification, et a fondé à perpétuité une messe solennelle du saint Sacrement tous les 3e et 5e jeudis de chaque mois, un sermon et procession dans l'octave du Saint-Sacrement. Il est décédé le 17 juillet 1747, âgé de 84 ans.* »

Pendant le mois de mai 1752, les ouvrages du grand pont de Gerbéviller furent adjugés en gros à Jean Brunel pour une somme de 4,400 francs;

le 10 juin suivant on les confia de nouveau audit sieur Brunel, en détail, et par ordre de l'autorité supérieure.

On se mit incontinent à l'œuvre. Le sieur Brunel pressa vivement les ouvrages, et la commune se prêta à son impatience. Aussi les voûtes des trois arcades furent-elles terminées pour le 1er octobre. On travailla à l'achèvement de ces dernières jusqu'à ce que les glaçons obligèrent à suspendre les travaux. Au commencement de janvier, les arcades furent décintrées; alors on s'aperçut que les moëllons s'étaient affaissés de quatre doigts près de l'une des couronnes. A l'arrivée du dégel, les trois voûtes s'écroulèrent entièrement. Cet événement, comme on peut le prévoir, devint un sujet de longues et vives contestations entre la commune et son malencontreux entrepreneur (*).

Voici, à la date de 1758, l'état de Gerbéviller comparé à celui dans lequel il se trouvait en 1757, relativement au nombre des laboureurs, des contribuables, à leurs facultés, et aux charges et impositions.

En 1757, Gerbéviller comptait 420 ménages; mais le bureau de charité de dames établi dans le lieu et qui fournit le bouillon, la viande et le

(*) Archives de Gerbéviller.

pain aux malades nécessiteux, y avait attiré beaucoup de gens pauvres. En sorte qu'en 1758, le nombre des habitants se trouvait augmenté de 479.

En 1757, 56 laboureurs figurent au rôle ; en 1758, ce nombre se trouve réduit à 25 ; ce qui fait une diminution de plus du tiers.

En 1757, les subventions des ponts et chaussées s'élevaient à 5,200#. En 1758, ces mêmes subventions se portaient à 9,469# 15s 5d. La surcharge était donc de 4,269# 15s 5d.

En 1758, la ville de Gerbéviller fut imposée pour 5,994 rations de fourrages à rendre à Metz. Comme il n'y avait pas eu de récolte de foin recevable, on dut traiter avec un juif, et, pour le satisfaire, lever sur les contribuables une somme de 5,805# 6s 6d. Sa Majesté eut la bonté de faire rembourser, sur sa propre cassette, 2,759# 17s 4d. Bref, en 1758, le bourg de Gerbéviller portait en charges et impositions bien réelles 14,675# 8s au-delà du chiffre de 1757 ; c'est-à-dire 4,275# en plus des deux tiers en sus de 1757.

Si l'on recherche les causes du dépérissement de l'agriculture, cette source de presque tous les autres maux qui accablaient alors la province, on trouve devoir placer au premier rang la perte presque totale des bêtes à cornes. Cette perte a été universelle dans le pays en 1745. Elle fut causée par les convois de fourrages que les gens de la campagne se virent obligés de conduire à Landau. La plupart des cultivateurs, qui firent ces voyages avec des bêtes à cornes, les perdirent en route où ils furent obligés d'abandonner leurs chars ; les autres les virent périr à leur retour ; bref, la contagion les atteignit d'une manière si générale qu'on ne connaît pas un lieu dans le pays qui en ait été exempté. Il n'échappa pas même la trentième partie des ruminants. De là impossibilité pour les cultivateurs, qui avaient ces bêtes pour tout bien, de continuer le labour, et impossibilité pour leurs concitoyens de consacrer une partie de leur fortune à l'achat d'autres animaux de labour. Vinrent ensuite les milices ; dépérissement complet de la culture. Enfin, les corvées : cet impôt acheva d'accabler le laboureur, le rentier, l'artisan et le journalier (*).

Deux ans après, le tableau de la situation de Gerbéviller n'était pas plus brillant. Nous l'empruntons à une remontrance respectueuse des syndics, notables et bourgeois, à Monseigneur

(*) Bibliothèque de M. Noël. Extrait d'un état autographe signé des noms suivants : P. Rambaud, syndic ; Robert, prévôt ; Galland, greffier ; Cherier, procureur fiscal ; Galland, greffier ; George Chappé, député ; Joseph Brevilland, député, conseiller de l'Hôtel de Ville.

l'intendant de Lorraine, qui réclamait une levée de 1,500 francs.

L'assemblée représente que, depuis l'heureux avènement de Sa Majesté en Lorraine, le lieu de Gerbéviller a été mis au niveau de tous les villages et frappé dans toutes les répartitions des charges imposées à la campagne, sans être doté d'aucune des exemptions des villes et des bourgs.

Que la communauté ne jouit pas d'autres revenus et biens communaux que tous les villages de la province. Comme eux, elle a quelques parties de bois, dont elle paie le vingtième, et dont la valeur et le produit sont, au surplus, absorbés par les vacations des officiers de la maitrise.

Elle a des fruits champêtres dont le produit, affecté de temps immémorial à l'entretien de la paroisse, ne suffit pas pour remplir cet objet.

Elle a des charges d'entretien de ponts, de puits, dont les villages sont exempts, et pour la conservation desquels elle est obligée de vendre le peu qu'elle a de pâtis communaux, une partie de ses bois, souvent même les pâturages en regain, qui tournent au profit personnel des autres habitants de la campagne. Elle a même encore d'anciennes dettes de communauté dont le remboursement est assigné, par année, pour plus de 30 ans. Pour raison de tout quoi, il se fait encore chaque année des levées plus ou moins fortes sur les contribuables du lieu. Enfin, dans l'ordre des artisans et journaliers qui composent la communauté, il se trouve un nombre trop considérable de pauvres qui assiègent continuellement les portes et qu'il faut nourrir. A la vérité, la commune jouit d'un gros par mesure de vin, biere et cidre qui se débitent dans les cabarets; mais ce droit ne produit plus que 31 livres par année; encore cette espèce d'octroi ne peut-il être regardé comme tel, ayant été abandonné et concédé par les anciens seigneurs du marquisat à qui il appartient. Dans ces circonstances, Gerbéviller ne doit nullement se trouver compris dans la classe des villes et des bourgs de la province à même de supporter l'imposition dont il s'agit. Les administrateurs n'ont, en effet, pour s'en acquitter d'autre voie que celle d'une levée sur les contribuables, voie qui ne leur est même ni indiquée, ni permise par la lettre de Monseigneur l'intendant.

Ces motifs n'ayant point été pris en considération, la commune demanda l'autorisation de pouvoir s'imposer extraordinairement. L'octroi, continue la supplique, ne peut avoir lieu que sur les vins et les viandes; encore, sur le premier objet, les seigneurs du lieu perçoivent par concession des souverains un franc par mesure et la communauté un gros. Il fut donc résolu unanimement que, pour satisfaire à l'imposition dont il s'agit, Sa Majesté serait très-humblement suppliée de permettre à la communauté de lever, percevoir, à commencer au premier janvier prochain, pour six années, sur les vins qui se vendent par les aubergistes ou débitants, et sur les viandes qui se détaillent au public, savoir : 10 sous sur chaque mesure de vin, au lieu d'un gros que la communauté a droit de percevoir, outre le franc qui se lève au profit du seigneur ; 30 sous par mesure d'eau-de-vie et 5 sous par mesure de bière et de cidre ; 4 livres par chaque bœuf ; 50 sous par vache ; 8 sous par veau ; 10 sous par porc et 5 sous par mouton, bouc et chèvre. La taxe, ainsi établie, faisait un sou par pot de vin, et environ 5 deniers par livre de viande. Il est à remarquer qu'il se débitait annuellement 12 à 1,300 mesures de vin, outre quelques pièces de cidre et de bière. Suivant la déclaration des tanneurs, on tuait dans les boucheries, par année, environ 120 bœufs, 40 vaches, 300 veaux, 500 moutons et 40 porcs (*).

(*) On a pu remarquer que dans cet état des ressources de la commune, il n'est point question des droits des entrants comme bourgeois à Gerbéviller. Cette redevance était tombée en désuétude par la négligence des administrateurs ; ce que prouve d'ailleurs une requête adressée en

Suivent sur la supplique les noms des notables ci-après : Robert, Nicolas Pierre, Joseph Brouland, Cherrier, J. Cordier, George Chappé, N. Jacquot, F. Jacquot, Charles Hérique, Alexis Jeanmaire, Nicolas Martin, J. Vicaire, P. Mougin, M. Pugin, Léopold Ballot, P. Michel, P. Rambaud, Galland, Pierre Pano.

En 1765, il y eut de grands débats entre les RR. PP. Carmes et la communauté. Celle-ci prétendait que de temps immémorial une horloge, qui sonnait les heures, les demi-heures et les quarts, avait été posée dans la tour de l'église du couvent. Cette horloge appartenait à Gerbéviller, mais son entretien restait à la charge desdits religieux qui, pour ce motif, avaient reçu de la commune sept à huit fauchées de pâtis communaux, situés au lieu dit le Gay-Rudan et à la Basse-des-Joncs, de chaque côté de la chaussée qui conduit à Lunéville. A l'époque dont il est ici question, les Religieux jouis-

1786, à Monseigneur l'intendant de Lorraine, par le sieur A. Jeanmaire, syndic, requête qui demande le rétablissement dudit impôt. Sa suppression portait atteinte non seulement aux intérêts de la commune, mais elle favorisait encore l'établissement à Gerbéviller d'un grand nombre de bourgeois insolvables, souvent sans vie ni mœurs, ravageant les campagnes au moment des récoltes, bribant le bois des forêts, et cela sans qu'on pût sévir contre eux, leur pauvreté les mettant à l'abri des amendes. *Archives de l'Hôtel-de-ville.*

saient encore de ces pâtis mis par eux en nature de pré. Malgré l'évidence de ces faits, les PP. Carmes s'étaient soustraits à l'obligation qu'ils devaient aux bourgeois, en arrêtant leur horloge. Aux remontrances du conseil; ils opposaient l'état indivis de l'horloge, et répondaient que s'ils tenaient des pâtis communaux par un don de la municipalité, ils en étaient en possession depuis un laps de temps suffisant à prescrire, et qu'à l'avenir ils en jouiraient comme ils l'avaient fait par le passé. Nous devons dire que les RR. PP. avaient également reçu de la communauté, et pour le motif précédemment indiqué, un terrain d'environ deux toises de largeur, qui séparait leur maison de celles de plusieurs bourgeois, terrain sur lequel ils avaient bâti depuis environ 60 ans.

Cette réponse *si déplacée*, dit la requête, détermina la communauté à faire l'acquisition d'une horloge et d'un timbre, destinés à être placés, comme anciennement, dans la tour de la porte Saint-Pierre. L'horloge, mise à l'enchère le 8 avril 1764, fut adjugée aux sieurs Vigneron pour 11 louis et demi. Le sieur Jean-Baptiste Fourneaux, fondeur à Lunéville, se chargea du timbre, moyennant une rétribution de 40 sous par chaque livre de métal. A sa réception, le timbre se trouva peser 592 livres exactes. Pour subvenir aux dépenses occasionnées par ces diverses acquisitions, on fut obligé d'affermer les regains de la prairie de dessous les vignes, de la contenance d'environ 45 fauchées, par un bail de neuf années (*).

Le 6 juillet 1770 fut un jour de deuil pour Gerbéviller. Un peu avant minuit, son digne pasteur, N.-F. Agathe, doyen de Deneuvre, rendit son âme à Dieu, à l'âge de 62 ans. Il fut inhumé le 7 juillet par François Siguergue, curé de Franconville et de Moriviller, échevin du doyenné de Deneuvre. Furent présents : M. Claude, curé de Vallois ; Léopold Christophe, curé de Roselieures ; Antoine Malhortye, son neveu, vicaire de Vacqueville ; les sieurs François Dagobert Moreau, demeurant à Haussonville ; Charles Malhortye, domicilié à Moriviller, ses beaux-frères ; et M. Dominique Malhortye, prévôt, chef de police de Gerbéviller (**).

(*) Archives de Gerbéviller.

(**) La famille des Malhortye est des plus honorables par ses souvenirs de tradition. Le prévôt de Gerbéviller descendait de ce vaillant capitaine de René II qui s'est illustré dans vingt rencontres, notamment sous les murs de Rosières et à Tonnoy, en 1476. Un fils de Dominique Malhortye, Charles-Stanislas, né à Gerbéviller, le 25 novembre 1762, était capitaine d'artillerie en 89, chef de bataillon de la même arme en 91, défenseur des Tuileries, le 10 août 1792. Il émigra en Angleterre, et fut nommé colonel à la rentrée

Immédiatement après l'inhumation, M. François Siguergue, suivant l'usage du doyenné, nomma Dominique Bessat, vicaire de la paroisse, pour y exercer les fonctions d'administrateur jusqu'à ce qu'il ait plu à Monseigneur l'évêque, comte de Toul, d'en ordonner à son bon plaisir. Le 25 juillet suivant, M. Bessat signe les actes de naissance, avec la qualité de curé de Gerbéviller.

Le 14 octobre de la même année 1770, à six heures et demie du soir, décéda subitement à Bruyères, et sans qu'on ait pu lui administrer les sacrements de l'Eglise, haut et puissant seigneur Messire Camille de Lambertye, chevalier, comte de Tornielle, marquis de Gerbéviller,

des Bourbons. Aujourd'hui, Charles-Stanislas de Malbortye est maréchal-de-camp en retraite. — Dans son enfance, il avait servi de parrain à la cloche de la tour Saint-Pierre, dont nous avons parlé plus haut. M. le général Malbortye est assurément le doyen d'âge des enfants de Gerbéviller.

L'épitaphe suivante, placée sur le frontispice de l'église. prouve que notre ville n'a pas toujours été dans une pénurie complète d'hommes de guerre : *Ci-gissent François et Philippe-Joseph Gauthier, frères, tous deux lieutenants au régiment des gardes de Monseigneur François Ier, grand duc de Lorraine, décédé, le premier, le 4 septembre 1755, âgé de 86 ans ; le second, le 4 mai 1762, âgé de 85 ans ; et aussi Jean-Baptiste Gauthier, leur neveu, écuyer, avocat à la cour..... à Gerbéviller, décédé le 10 juin 1765, âgé de 32 ans.*

chambellan de Sa Majesté feu le roi de Pologne, né le 20 février 1714, époux de haute et puissante dame Barbe-Françoise Huraux. Le 16 dudit mois d'octobre, son corps fut transporté dans l'église paroissiale de Bruyères, où l'on chanta les prières accoutumées. Puis on conduisit les dépouilles mortelles à Gerbéviller. Après les cérémonies d'usage, elles furent inhumées avec pompe par le R. P. Augustin, prieur des Carmes (*).

C'est M. Camille de Lambertye qui fit bâtir le château actuel de Gerbéviller. Pendant le temps qui suivit la démolition de l'ancienne forteresse, les possesseurs du marquisat habitèrent le corps de logis connu sous le nom de *Pavillon*. M. Camille de Lambertye ne voulait d'abord faire que des écuries des bâtiments actuellement existants. Le château était plus avant dans le parc et présentait deux façades ; l'une regardait Lunéville, l'autre lesdites écuries. Il ne fut jamais achevé, quoiqu'il s'élevât déjà au-dessus des fondations. C'est également à M. de Lambertye qu'on devait les magnifiques jardins de Gerbéviller. L'exécution en avait été confiée au célèbre Yves Descours, qui traça ceux de Lunéville et d'Einville. Le beau talent de cet habile artiste lui valut,

(*) Archives de l'Hôtel de Ville.

en 1715, un anoblissement de Léopold. Les statues qui décoraient le parc furent sculptées par Remy-François Chassel, élève de Lecomte, sculpteur de Louis XIV, et à qui on doit les figures de l'autel de la Chapelle ducale de Nancy (*).

Anciennement les vannes du moulin se trouvaient dans la grande rivière, vis-à-vis le Chemin de la Justice. (Voir le plan.) On comprend qu'elles devaient être fort élevées, afin de pouvoir faire refluer les eaux dans le canal, qui prenait alors à la fontaine de l'Oby. En 1778, des pluies torrentielles ayant accru les eaux de la Mortagne, outre mesure, les vannes furent rompues et emportées. Le désastre fut grand. Non seulement il causa de graves préjudices à M. de

(*) Michel. *Biographie des hommes marquants de la Lorraine.* — M. Camille de Lambertye est l'aïeul du possesseur actuel de la terre de Gerbéviller. M. Marie-Antoine-Camille-Ernest de Lambertye, ex-écuyer de Napoléon, né à Paris en 1788 et veuf de Marie-Charlotte-Léontine de Rohan-Chabot. Cette illustre défunte, décédée le 14 mars 1841, a laissé à Gerbéviller, de touchants souvenirs de sa charité et de ses vertus. Elle était sœur de Louis-François-Auguste, duc de Rohan Chabot, prince de Léon, ancien officier des mousquetaires de Louis XVIII et qui, après la mort funeste de sa femme, entra dans les ordres sacrés, où sa naissance lui fit bientôt obtenir l'archevêché de Besançon et le chapeau de cardinal.

M. Marie-Antoine-Camille-Ernest de Lambertye ayant perdu son père à l'époque de la Révolution, sa mère Louise-Victoire-Rose Parfaite du Cheylard, prit en seconde noce

Lambertye, mais il frappa encore fortement la commune. Les eaux répandirent, en effet, sur tout le pâtis d'Ohy, des grèves et des cailloux qui le rendirent pour longtemps improductif. MM. de Lambertye et les religieux de Beaupré, possesseurs du moulin, ayant renoncé au projet de rétablir les vannes, firent creuser un canal nouveau dans le terrain communal appelé le Pré du Barreau, sur une longueur de 100 toises et plus. Telle est l'origine de ce cours d'eau auquel le paysage emprunte une nouvelle source de vie et de variété.

En 1779, mourut à Mirecourt, le frère Joseph-Antoine Poirel, capucin, né à Gerbéviller en 1697. Ce savant religieux, architecte de Stanislas,

M. Auguste-Joseph Baude, comte de Lavieuville, officier de la Légion d'honneur, chevalier de Saint-Louis, etc., né à Château-Neuf, vers 1765. M. de Lavieuville avait embrassé jeune encore, l'état militaire, mais il le quitta à la Révolution, dont il ne partageait pas les principes. Il vécut dans la retraite, entouré de l'affection des habitants de Gerbéviller, depuis 1801 jusqu'en 1810, et ne parut sur la scène politique que vers cette époque, où il fut nommé chambellan de Napoléon. Il passa préfet du département de la Stura, puis en 1813, à la préfecture du Haut-Rhin, qu'il occupa jusqu'à l'époque des cent jours. A la deuxième abdication de Napoléon, il obtint la préfecture de l'Allier, qu'il quitta ensuite pour celle de la Somme. Ses fonctions administratives cessèrent en 1816. M. de Lavieuville est mort revêtu de la dignité de pair de France.

était spécialement chargé de l'érection des couvents de l'ancienne Lorraine. On remarque, en effet, que tous ces bâtiments sont construits sur les mêmes dessins. Poirel avait bâti le couvent de la Malgrange, et lorsque le bon frère Joseph eut ordre de le démolir, peu d'années après, il dit tristement : « Je l'ai construit, il faut donc que je le détruise (*). »

En 1787, les officiers, syndics, députés et notables de Gerbéviller font observer aux membres du parlement : que les habitants de Gerbéviller ont jusqu'alors gardé le finage d'Haudonville ; ce qui est sans exemple ; que les habitants d'Haudonville prétendent ne point établir de bangards pour la garde de leur finage, sous prétexte qu'il est situé sur le ban de Gerbéviller, qu'ils sont sujets non pas de M. le marquis de Gerbéviller, mais de l'abbaye de Beaupré. La municipalité dudit Gerbéviller supplie humblement la Cour de réformer cet abus, dont on ne peut fixer l'origine ni la cause. Elle représente en outre que la même commune d'Haudonville, toujours pour les mêmes motifs, refuse de contribuer à l'entretien du pont placé sur le ruisseau d'Haudonville, pont qui est plus

(*) Michel. *Biographie des hommes marquants de la Lorraine.*

utile aux habitants de cette dernière commune qu'à ceux de Gerbéviller, puisqu'ils fréquentent plus souvent Gerbéviller que les habitants de ce dernier lieu ne fréquentent Haudonville. La limite des deux territoires fut arrêtée provisoirement le 13 février 1791.

Bientôt des événements plus importants allaient se passer. On était à la veille de 89, et déjà partout les esprits commençaient à fermenter. Le 2 avril, à l'issue des Vêpres, et sur l'invitation des membres du comité démocratique de Lunéville, toute la communauté réunie en corps, procéda à la formation d'une garde citoyenne. Furent nommés : MM. Ch. Ferry ; Galland, avocat ; Cherrier ; Galland, greffier (*) ;

(*) La famille des Galland a fourni un peintre de beaucoup d'espérance, M. Victor Galland, enlevé malheureusement trop tôt aux arts et aux affections de sa famille. D'abord élève de Dieudonné Pierre, puis de Paul Delaroche, Victor Galland, dans le but d'étudier les grands maîtres de l'école italienne, partit pour Rome en 1858, en compagnie de Sigallon. Mais un spectacle douloureux lui était réservé contre toute prévision : Sigallon mourut victime de l'impitoyable choléra. De retour en France, notre jeune concitoyen passa plusieurs mois à l'abbaye de Solesme où il eût le rare bonheur de rencontrer chez le supérieur, Dom Guérenger, une âme artistique unie au cœur le plus aimant. Là il se lia aussi avec l'auteur du livre des Peuples et des rois, Charles Sainte-Foi. Victor Galland est décédé à La Chapelle Huon (Sarthe) le 15 novembre 1845, à l'âge de 28 ans, après avoir peint à Glay, chez M. le marquis de

Denis Jeanmaire; d'Avrainville; Simon Jeanmaire, et Alexis Jeanmaire.

Le 26 juillet de la même année, M. Claude Ferry, notaire royal au baillage de Lunéville, doyen de ceux du siège, procureur fiscal, juge-tabellion et chef de police du marquisat de Gerbéviller, ordonne qu'à l'exemple des villes de cette province et autres du royaume, il soit chanté un *Te Deum* à l'église paroissiale en action de grâce de l'heureuse révolution qui vient de s'opérer en France. Il invite à s'y trouver, tous les Religieux, les prêtres, l'ordre des avocats, les autres membres de la justice, enfin tous les bourgeois. La cérémonie eut lieu, et,

Turin, une chapelle à fresque de toute beauté. — Un parent du précédent, M. V. Stouvenel, né à Gerbéviller en 1809 et aujourd'hui professeur à Bordeaux, a doté la littérature d'une excellente traduction de *Thomas Morus*. — En 1810, le 18 juillet, à 7 heures du soir, est également né à Gerbéviller Jean-Joseph-Alexandre Jandel, fils de Jean-Nicolas-Antoine-Alexandre Jandel, ingénieur des ponts et chaussées et d'Elisabeth-Marie-Josèphe Chabert. Dès l'enfance Alexandre Jandel fut destiné à l'état ecclésiastique. Placé bien jeune encore à la tête du séminaire de Pont-à-Mousson, il ne tarda pas à le quitter pour prendre l'habit des frères prêcheurs. Ses talents, et plus encore sa haute sagesse, le firent remarquer de S. S. Pie IX qui lui confia la direction de la grande famille des enfants de Saint Dominique. Quoique revêtu seulement du titre de vicaire-général de l'ordre des Dominicains, le R. P. Jandel en est bien de fait le général, à Rome.

toujours d'après les dispositions du chef de police, une quête fut faite dans le but de subvenir aux besoins des pauvres, (on en comptait plus de 500) qui se trouvaient dans la dernière misère par suite de l'extrême pénurie de grains et de farine. Le soir du même jour, chaque bourgeois plaça sur toutes les fenêtres apparentes de son habitation, deux chandelles, qui furent allumées de 9 heures du soir à 10 heures et demie. On mit enfin le feu à une bure à laquelle chaque citoyen s'était fait une gloire de contribuer. Les cris réitérés de *Vive le Roi et la Nation!* se mêlèrent au pétillement des flammes et se prolongèrent bien avant dans la nuit.

On sait qu'à la suite de la célèbre nuit du 4 août 1789, l'Assemblée nationale avait décrété l'abolition de tous les privilèges, des titres de noblesse et de toutes les distinctions honorifiques. Mais, comme elle tarit en même temps plusieurs sources du revenu public, il fallut aviser à un moyen de combler le déficit des finances, qui devenait de jour en jour plus menaçant. L'Assemblée, pour y porter remède, créa, sous le nom d'*assignats*, un nouveau papier-monnaie, que l'on donna comme la représentation de la valeur des biens du clergé, qui furent déclarés *propriétés nationales*. Le clergé, en échange, reçut un traitement payé par l'Etat, traitement qui se montait à 1,200 francs pour chaque curé. Voici l'état désignatif et estimatif des biens et revenus possédés, sur le territoire de Gerbéviller, par les ecclésiastiques, maisons de charité et confréries, etc. Le double en avait été envoyé, le 16 mai 1790, à la commission intermédiaire, pour le faire passer à l'Assemblée nationale. (Administration de M. Cherrière, maire.)

Cure de Gerbéviller (*). M. Dominique Bessat, septuagénaire, titulaire. Le collateur était la Primatiale de Nancy.

Elle consistait en une maison, située hors de la ville, comprenant des écuries, bougeries, engrangements fort vastes. Un potager de 5 hommées et une vigne de 15 hommées, le tout entouré de hautes murailles, s'étendait derrière ladite maison. Ces derniers objets sont estimés 48 livres.

(*) Le curé de Gerbéviller, conjointement avec les autres décimateurs, était chargé des réparations de l'église paroissiale. A la Révolution, on la délaissa pour l'église des Carmes, qui devint alors celle des patriotes. On vendit ses cloches, dont la sonnerie était ravissante. Les ornements passèrent dans les mains les plus profanes. On vit un dais recouvrir le lit d'un fougueux municipal, et une femme détailler au public les vêtements sacerdotaux. Le beau sexe de Moyen, dit-on, fit profit de la circonstance pour l'embellissement de sa toilette. On peut juger de ce qu'offraient de luxuriant, les déshabillés et les cotillons chargés des gigantesques dessins de quelque chasuble.

Les revenus provenant des terres, prés, jardins, chènevières, dîmes, s'élevait à 1,538$^{\#}$ 14^{d} ; le casuel des fondations à 594$^{\#}$; les casuels divers à 509$^{\#}$ 15^{s} 6^{d}. En tout 2,742$^{\#}$ 8^{s} 6^{d}.

Observations. La mesure locale, usitée pour les terres, était de 250 toises pour l'arpent ; la toise se subdivisait en 10 pieds de Lorraine, le pied en 10 pouces.

La mesure pour le bois avait de longueur 4 pieds de Lorraine ; la corde était de 32 pieds, le pied de 10 pouces.

Le chiffre de la population de Gerbéviller s'élevait à environ 3,000 âmes.

Autres observations. Il faudrait un vicaire communal, et deux au moins, dans le cas que le couvent des Pères Carmes n'existerait plus.

L'emplacement de l'église, située hors de la ville, était déjà jugé trop incommode ; on trouvait l'église mal bâtie, nullement ornée et mal entretenue.

La dépense nécessaire au culte divin était tout à la charge de la commune, attendu qu'il n'existait point de fabrique ; elle s'élevait à 400 livres par an.

Il conviendrait et il serait même essentiel, ajoute ledit état, de prendre pour église paroissiale celle des Pères Carmes, située au milieu de la ville. Dans leur bâtiment, on pourrait loger le curé, les vicaires, le maitre d'école et l'organiste; ce qui offrirait un avantage sensible à la commune, d'ailleurs endettée, et presque sans revenus relativement à ses nombreuses charges (*).

De plus, la commune n'a point d'Hôtel de Ville. Qui empêcherait de trouver encore un emplacement à cet effet. Le couvent de Religieuses, par exemple, s'il n'existait plus, conviendrait parfaitement. Il est très-commode. On pourrait même y établir une maison d'école et de charité, objets d'utilité publique qui feraient aisément oublier la première destination dudit couvent.

Couvent des Pères Carmes. Il se composait

(*) Le 8 février 1791, jour de la vente de l'établissement des PP. Carmes, M. Raidot, représentant les intérêts de la commune, soumissionna vainement pour 1,216 livres; M. de la Vieuville, par une mise plus forte, devint l'unique acquéreur. On dit que cet homme de bien ne prit part à l'enchère que dans le but de neutraliser les efforts de certains amateurs, désireux de spéculer sur la démolition de l'église même. Cette conduite, fort honorable pour M. de la Vieuville, ne fait que plus vivement regretter le parti pris par ses héritiers au commencement de notre siècle, de faire raser un monument digne de tous les respects.

A l'époque des travaux de démolition, les ouvriers mirent à découvert un gigantesque cercueil en granit, dressé dans le sens de sa longueur, et renfermant le squelette d'un homme de haute stature retenu à la pierre par un anneau disposé autour du cou. Une petite fiole pendait à cet inflexible collier, témoin muet d'un drame qui fut sans doute bien lugubre.

de 6 religieux, prêtres, et de 4 frères, plus un domestique.

Les biens en revenus se composaient d'une église très-belle, chapelle attenante, et d'un corps de logis très-vaste, avec écuries et bougeries fort commodes. Il existait de plus deux jardins au milieu du bâtiment, de la consistance de 5 hommées.

Un autre jardin, verger et potager, attenant à la maison, de la valeur superficielle de 4 jours et demi, une ferme avec terres, prés, chènevières, jardins, vignes, un cens foncier, maison laissée à prix d'argent ; 51 livres sur les revenus de la chapelle de Grandrupt pour l'acquit de messes, rentes de capitaux prêtés, 4 arpents de bois perçus annuellement sur la terre du marquisat de Gerbéviller ; tels étaient enfin les bénéfices attachés à ladite communauté. La valeur du tout pouvait se porter à 5,456# 1s 10d.

Les charges et services spirituels consistaient en des messes à dire ; les temporels, aux réparations des églises et des bâtiments.

Couvent des Religieuses de la Congrégation de Gerbéviller. Cette maison se composait de 21 religieuses, 2 pensionnaires perpétuelles, et 2 domestiques. M. Christophe Barbier, âgé de près de 40 ans, en était le directeur (*).

(*) Le couvent des Religieuses fut acheté par M. Ferry

Dans l'inventaire fait en 1790, on lit :

Au clocher. 2 petites cloches ; 500 volumes in-folio ; 216 in-quarto ; 294 in-8° ; 721 in-12. Beaucoup de ces livres sont reliés en veau, les autres en parchemin et en bois. A cela se joignaient quelques manuscrits contenant des réflexions morales et théologiques, quelques traités de philosophie.

Mobilier. 14 cellules, 2 petites chambres d'infirmiers, 2 chambres d'hôtes, pauvrement meublées, et 2 petites chambres capables de loger des religieux.

Dans l'église. 7 tableaux, dont 5 sont très-estimés, 12 dans les dortoirs, aussi très-estimés, et 3 médiocres dans le réfectoire.

Etat des religieux profès. RR. PP. prêtres :

1° Pierre Lacretelle, nommé en religion frère Hyacinthe de saint Pierre, prieur, âgé de 48 ans.

2° Mathias Marchal, nommé en religion frère Mathias de l'Ascension, sous-prieur, âgé de 59 ans 1|2. Il avait 37 ans de religion en 1790.

3° Claude Poirine, nommé en religion frère Laurent de Jésus, âgé de 56 ans.

4° Pierre Bertin, nommé en religion frère Gabriel de la Présentation, procureur, âgé de 56 ans 1|2.

5° Antoine-Nicolas Humbert, nommé en religion frère Placide de saint Henry, âgé de 50 ans.

6° Pierre-Laurent Gérardin, nommé en religion frère Fulgence de saint Célestin, âgé de 49 ans 1|2 passés.

père, qui le vendit à M. de Lambertye. Si le lecteur veut bien se souvenir que cette maison était la propriété de la commune et non celle des Religieuses, il sera amené à reconnaître l'étrange distraction des administrateurs de ce temps. Sous le vain prétexte d'augmenter les ressources nationales, ils privèrent leur propre ville d'un vaste corps de logis, qui, depuis, aurait merveilleusement trouvé son emploi.

Frères convers.

7° André Sylvestre, nommé en religion frère André de saint Joachim, âgé de 71 ans.

8° Dieudonné Bernard, nommé en religion frère George de la Purification, âgé de 68 ans.

9° Jeanmaire, nommé en religion frère Jean de la Croix de saint François, âgé de 39 ans.

Ainsi, en tout 6 religieux, prêtres ; 3 frères convers.

La maison pouvait loger 16 religieux.

Les biens et revenus consistaient en une église peu grande, mais bien ornée ; en un bâtiment médiocre, mal distribué, mais enrichi de cours et d'un enclos de 2 jours. La communauté possédait de plus une maison petite, mais commode, à l'usage du directeur ; enfin, elle jouissait de vignes, de jardins, d'un corps de ferme, de chènevières, d'un cens, de prés, de rentes, de capitaux prêtés, et de 2 arpents de bois perçus annuellement sur la terre du marquisat, par suite d'une ancienne convention. Le tout s'élevait à 4,302 livres.

Observations. Les Religieuses apprenaient à lire aux enfants de leur sexe. Elles avaient des biens-fonds sur dix territoires pour la valeur de 109 paires de resaux, mesure de Nancy, pesant alors 180 livres.

Maison des religieux Bénédictins du Ménil, près Lunéville. Ces religieux étaient décimateurs sur certaines parties du territoire de Gerbéviller. Leurs dimes étaient affermées 512 livres.

MM. les abbés et religieux Bernardins de Beaupré, près Lunéville (*). Ces religieux étaient décimateurs sur une partie du territoire de Gerbéviller. Ils affermaient leurs dimes 556 livres de France. Pour prés, terres, moulins, battant d'écorce et de chanvre, dont ils jouissaient conjointement avec M. le marquis, ils tiraient un canon de 595 resaux de blé, mesure de Nancy, estimés l'un 15 livres, année commune. En tout, 5,518# 5s. Les fermiers des moulins étaient chargés des grosses et menues réparations. Les Religieux, comme leur copropriétaire, M. le marquis, devaient fournir le bois nécessaire, mais non façonné.

Curé de Fraimbois. Le curé de Fraimbois, nommé Claude Munier-Pugin, était décimateur dans certaines parties du territoire de Gerbéviller. Il affermait ses dimes 168 livres.

Curé d'Haudonville (décimateur par droit de rapportage). Le curé d'Haudonville était décimateur dans certaines parties du territoire de Gerbéviller. Ses dimes non affermées rappor-

(*) En 1792, la commune supplia l'administration départementale de lui accorder les vêtements, les ornements ainsi que les orgues de l'abbaye de Beaupré en échange des siens. Nous ignorons les suites de cette demande.

taient annuellement 4 paires de resaux, estimés l'un 20# 2s 6d. Il possédait en outre, à lui appartenant, 11 hommées de vignes, évaluées 50 livres. En tout 150 livres.

Son nom était M. François de Couën, septuagénaire.

Chapelle de Grandrupt, hors des faubourgs. M. Robert, sexagénaire, en était titulaire.

Les biens de cette chapelle consistaient en une église assez vaste et peu ornée, en un médiocre bâtiment de chapelain; une cour, jardin potager, dont une partie était possédée par un particulier gardien. Total 154# 15s. Le titulaire résidait à Lunéville. Il donnait aux Pères Carmes 51 livres pour la desserte (*).

Curé de Seranville. Le curé de Seranville emportait la dime d'une partie des terres du

(*) En 1746, M. Nicolas Henry fit une fondation à perpétuité de 12 messes basses qui devaient se dire à la chapelle de Grandrupt pour le repos de son âme et celui de ses deux épouses défuntes, Catherine Briat et Marie-Catherine Durand. Les RR. PP. Carmes seuls devaient acquitter le vœu du fondateur. Déjà en 1725, M. Henry avait institué 12 messes hautes qui se célébraient le premier jeudi de chaque mois, au grand autel de l'église paroissiale. M. Nicolas Henry était licencié ès-lois, receveur des finances au bureau de Rambervillers, gruyer et substitut au marquisat de Gerbéviller. Le duc Léopold l'anoblit par lettres expédiées à Lunéville le 7 du mois de juillet 1724. *Archives des PP. Carmes.* D. Pelletier, *Nobiliaire de Lorraine.*

baut-de-Gondal, par droit de rapportage. Cette dime était estimée annuellement 160 livres.

Chapelle de Laronxe. Elle possédait sur le territoire de Gerbéviller 5 jours de terres pour les trois saisons et une fauchée de prés ; le tout estimé 21 livres.

Chapelle de Flin. La chapelle de Flin possédait sur le territoire de Gerbéviller des terres et des prés affermés 62 livres de France.

Cure de Mont. Elle avait, à Gerbéviller, des prés loués pour 12 livres.

Bénédictins de Moyenmoutier. Ils possédaient, à Gerbéviller, des terres dont le revenu était de 50 livres.

Curé de Franconville. Il possédait, toujours à Gerbéviller, des vignes d'un revenu de 16 livres.

Chanoines réguliers de la maison de Belchamp. Ils possédaient, sur notre territoire, des prés dont le revenu était de 12 livres.

Curé d'Einvaux. Il possédait des prés d'un revenu de 28 livres.

Primatiale de Nancy. MM. les chanoines de la Primatiale de Nancy possédaient, sur le territoire de Gerbéviller, une maison appelée le *Prieuré*, avec ses aisances et dépendances, jardins, vergers et potagers, corps de gagnage, partie de dimes. On les appelaient gros décimateurs avec M. le curé, parce qu'ils décimaient sur tout le ban. Ils étaient attenus aux charges ci-après : 1° à la fourniture des bêtes mâles pour le troupeau communal ; 2° à l'entretien et reconstruction de l'église paroissiale. Total des revenus, 1,494 livres.

Le prieur de Landécourt. C'était l'un des petits décimateurs sur le ban de Gerbéviller. Il louait ses dîmes 240 livres.

Hospice de Gerbéviller. Il consistait en une maison, avec jardins, fonds placés, le tout d'un rapport de 1,333 livres 8 sous. Les charges étaient l'entretien du bâtiment, celui des murs de clôture du jardin, et la pension de 3 Sœurs hospitalières, pension qui se montait à 170 livres 6 sous 6 deniers, outre leur nourriture.

Il y avait à Gerbéviller près de trois mille âmes dont le quart, indigent, devait être entretenu de bouillon, viande, pain et drogues, en cas de maladie, par ladite maison de charité. Ses revenus ne lui permettaient pas de porter aux malheureux des secours proportionnels à leurs besoins. La seule ressource des vieillards était toute chez l'homme compatissant. Les Sœurs, au moyen de leur pharmacie, réalisaient un bénéfice qui pouvait couvrir à peu près leurs frais de nourriture (*).

(*) Voici les noms de quelques-uns des bienfaiteurs de l'hospice :

Nous nommerons en premier lieu M. N. Gaillard, curé

Confréries de la paroisse de Gerbéviller. Il était impossible de connaître au juste les biens des confréries du Saint-Sacrement, du

de Seranville, né à Gerbéviller, et mort en 1741, après 46 ans de ministère. L'hospice lui doit un legs de 9,000 livres. De plus il a fondé 2 lits, à l'hôpital Saint-Jacques de Lunéville, pour les pauvres de Seranville et, à leur défaut, pour ceux de Gerbéviller. Le Séminaire de Nancy lui doit également une fondation de 25,000 livres, faite en faveur de jeunes gens de sa famille, de Seranville ou de Gerbéviller. En 1808, le sieur N. Mentrel, rentier à Seranville, fit un legs de 500 francs, une fois payés, pour le soulagement des pauvres. En 1810, le sieur J. Mougin, prêtre à Seranville, donna 200 francs. En 1811, madame Louise-Françoise de La Rochefoucault, pensionnaire à l'hospice, légua tous ses linges, bijouterie, argent comptant. En 1808, elle avait donné une rente perpétuelle de 197 francs. 55 cent. pour l'entretien d'un lit. En reconnaissance de ces bienfaits, M. Ferry jeune, maire, fit faire le portrait de Madame de La Rochefoucault par un peintre qui se trouvait alors au château; ce portrait coûta 159 francs; il est déposé à l'hospice. En 1818, M. Dominique Barbier, prêtre de Gerbéviller, donna 400 fr. pour être mis en rentes. En 1840, M. A. Jandel légua une rente annuelle et perpétuelle de 281 francs, pour la fondation d'un lit. Plus tard, il donna encore une somme de 120 francs, déposée chez M. Poirel, notaire. Enfin, le 25 août 1840, Madame la comtesse de la Vieuville légua une rente perpétuelle de 1,558 francs; 600 francs devaient être affectés à la fondation de deux lits, et les 758 francs restants employés à des secours à domicile. A une époque que nous ignorons, M. de Maimbourg et Mademoiselle Jacquot léguèrent les sommes nécessaires à l'érection d'une chapelle.

Enfin, en 1844, les revenus de l'hospice, réunis en une seule inscription, produisaient une rente de 3,287 francs.

saint Rosaire, des Agonisants, des Morts, et de saint Antoine. Le nouveau receveur n'était pas encore nanti des pièces ; il y avait procès depuis près de 2 ans avec les héritiers de son devancier, qui retenaient les titres et s'opposaient à la reddition des comptes, avec tous les moyens qu'offrait l'imperfection de nos lois judiciaires encore existantes. Voici tous les renseignements qu'avait pu donner le receveur actuel.

La Confrérie du Saint-Sacrement possédait un revenu de 491 livres 19 sous 5 deniers. Sa dépense annuelle se montait à 258 livres 18 sous 9 deniers, année commune.

Confrérie du saint Rosaire, des Agonisants et des Morts. Les rentes provenant de capitaux placés s'élevaient à 197 livres 5 sous 5 deniers. La dépense annuelle de la desserte de cette Confrérie se portait à 228# 15s 5d.

Confrérie de saint Antoine. Les revenus se montaient à 54# 5s 10d. Les dépenses atteignaient le chiffre de 65# 9s 8d, année commune, pour sa desserte.

Le tout cours du royaume.

Observations. La seule Confrérie du Saint-Sacrement avait joui d'un revenu au-delà de ses besoins annuels ; les autres ne pouvaient suffire à leurs dépenses. Elles s'étaient soutenues, jusqu'alors, les unes par les autres. Il était à remarquer qu'elles ne contribuaient en rien aux dépenses de l'église, du clocher et des orgues, qui demeuraient à leur service. Ces charges d'entretien étaient au compte de la commune, à défaut de la fabrique. Or, les revenus de la commune se trouvaient insuffisants pour ces charges. Il avait été ordonné en dernier lieu, par une délibération et autorisation, que l'excédant de leurs revenus, s'il en existait, serait appliqué en réparation des orgues, à la décharge de la commune.

Nous clorons cet inventaire des biens enlevés aux ecclésiastiques par ces paroles toutes de circonstance tombées un jour de la bouche d'or de l'un des plus grands orateurs chrétiens (*) : « L'Eglise est semblable à ce géant, fils de la terre, qui puisait dans sa chute même une nouvelle force ; elle retourne par le malheur aux vertus de son berceau, et recouvre sa puissance naturelle en perdant la puissance empruntée qu'elle tenait du monde. Le monde ne saurait lui enlever que ce qu'elle a reçu, c'est-à-dire la richesse, l'illustration du sang, une part dans le gouvernement temporel, des privilèges d'honneur et de protection : vêtements de Déjanire

(*) Lacordaire.

que l'Eglise ne doit point porter sur sa chair sacrée, mais seulement par dessus le sac de la pauvreté native. Si l'or, au lieu d'être l'instrument de la charité et l'ornement de la vérité, altère l'une et l'autre, il faut qu'il périsse, et le monde alors, en dépouillant l'Eglise, ne fait que lui rendre la robe nuptiale qu'elle tient de son divin Epoux, et que nul ne peut lui ravir. Car comment ravir la nudité à qui la veut ? Comment ôter le rien à qui en fait son trésor ? C'est dans le dépouillement volontaire que Dieu a mis la force de son Eglise, et nulle main vivante ne peut pénétrer dans cet abime pour y prendre quelque chose. »

Le mercredi 14 juillet 1790 fut prêté, à Gerbéviller, par la milice nationale, le serment civique et fédératif.

Le dimanche précédent, à la messe paroissiale, M. Bessat, curé, avait annoncé que ledit quatorzième jour de juillet, il serait chanté une messe en action de grâce, au canton de la Fontaine du Treize, à 11 heures. A midi précis, et au même endroit, avait-il ajouté, on prêtera le serment civique et fédératif. Depuis 9 heures jusqu'après la solennité, tous les ateliers seront fermés, les cloches de toute la ville préviendront les habitants la veille, et annonceront la messe et le serment. Le soir, la ville sera illuminée.

Rien ne fut oublié pour donner à cette première fête de la liberté tout l'éclat possible. Le patriotisme le plus pur s'empressa d'élever un autel digne de son objet. Ni des pluies continuelles, ni le découragement qui naît de la crainte de travailler en vain, ne purent ralentir l'ardeur des sieurs Joseph Campagne, Alexis Darche et François Vautrin, capitaine et soldats de la milice citoyenne. Laissons parler l'ordonnateur de la fête lui-même.

« Déjà le son de toutes les cloches annonce le moment où va paraître le jour mémorable. Il arrive enfin; l'aurore est livide; mais le ciel, assuré de notre constance, comprime ses nuages, et retient ses pluies jusques après la solennité.

« Des citoyennes de tous âges volent à l'autel, déposent leurs offrandes et le décorent à l'envi des palmes de la liberté.

« Nous ne tracerons pas la majesté de cet autel, la hauteur de son obélisque, l'énergie des inscriptions qui l'entourent, et cette grande flamme aux trois couleurs de la liberté flottant dans les airs, ni de ces longs rubans de fleurs qui, trompant l'œil, amarrent cette assemblée contre la force des vents. J'ai dit que les mains du patriotisme l'avaient élevé.

« A dix heures, toute la milice citoyenne s'assemble sous les ordres de M. Charles Vautrin, son major, tandis que M. Rosse, son commandant, député à Paris, s'apprête au serment dont elle l'a chargé.

« A dix heures et demie, la troupe est en marche ; son pas précipité, son ardeur, font bien voir que c'est sur l'autel de la patrie qu'elle va jurer : déjà ses lignes, étendues autour, contemplent avec un saint respect ce monument sacré.

« A 11 heures, le corps municipal parait, suivi de MM. les notables et accompagné d'un détachement de la milice. C'est la première fois qu'il est décoré de ses écharpes ; c'est la première fois que le peuple, étonné, attendri, contemplant son ouvrage, voit avec confiance la pompe de l'autorité.

« Ce corps d'élite entre dans ces champs fortunés qui ont entendu les premiers cris de l'homme libre, les lignes s'ouvrent et se ferment. Il s'agenouille en face de l'autel. Le son des cloches, le roulement des tambours cessent : un regard, fixe et enflammé, annonce que les ministres s'apprêtent à rendre hommage au seul Dieu de l'Univers.

« La messe commence.

« C'est le Père Hyacinthe, prieur des Carmes, aumônier de la milice citoyenne, religieux patriote, qui est chargé de remplir ce saint ministère.

« Cependant un seul objet fixe tous les regards. Un pasteur vénérable, courbé sous le poids d'une vieillesse infirme, n'a pas cru que son état de langueur le plaçait à l'un des collatéraux qui lui était destiné. Insouciant de ses maux, à genoux sur une terre fangeuse, il demande au ciel de bénir les serments que ses ouailles vont prêter. Homme humble et vertueux, rendez-vous donc à nos instances, les distinctions sont faites pour la vertu.

« La messe est achevée, et la plus fervente des prières s'adresse à Dieu pour la conservation des jours du plus cher des rois.

« M. le célébrant prononce alors le discours suivant :

« Messieurs et chers citoyens. Pouvions-nous jamais espérer un plus beau moment que celui qui nous rassemble? N'a-t-il pas tout ce qui peut ajouter à la satisfaction de nos cœurs? L'empressement qu'on remarque prouve assez combien on a désiré l'époque de la liberté, et quel prix on attache à une association formée sous les auspices du patriotisme le plus pur. Tous les hommes sont égaux aux yeux de la religion. La déclaration de leurs droits, méconnus et méprisés depuis si longtemps, n'a fait, en proclamant cette égalité, que sanctionner une vérité religieuse.

« L'origine des hommes étant commune,

comme le démontrent la religion et la raison, la nouvelle Constitution, suivant la trace de l'une et de l'autre, a fait disparaître ces distinctions humiliantes, si vivement défendues, mais enfin anéanties. Elle a voulu que les dignités, les préférences, les honneurs fussent le prix du travail, du mérite et de la vertu.

« On a voulu vous persuader que cette Constitution porterait quelque atteinte à la religion. Non, Messieurs, elle n'a fait qu'écarter d'une main sagement hardie les abus qui environnaient l'autel et assiégeaient le monarque. Que rien ne vous empêche donc de jurer fidélité à cette même Constitution, dont nous connaissons déjà la sagesse et dont nous commençons à goûter les précieux avantages.

« Oui, Messieurs, nous sommes ici, en présence de cet autel, pour y jurer d'être soumis à la nation, au roi, à la loi ; à la nation, que nous devons chérir comme une mère, la plus tendre des mères ; au roi, que nous devons honorer comme le meilleur des pères et respecter comme le plus zélé patriote ; à la loi, dont la sagesse règlera nos actions dans l'ordre social. Oui, nous allons jurer, et le ciel sera témoin de la sincérité de nos serments, de maintenir de tout notre pouvoir la Constitution du royaume, de la publier partout comme l'évangile de la raison et le code du bonheur, d'en inspirer le respect et l'amour aux enfants et d'en donner l'exemple de la fidélité la plus inviolable.

« Dieu paternel, répands ta bénédiction sur les lois nouvelles, imprimes-en la bonté dans nos cœurs; qu'elles servent enfin à nous faire jouir de la béatitude éternelle. »

« A M. le célébrant succède M. le maire, dont les paroles, empreintes du patriotisme le plus véhément, sont couvertes, comme l'avait été le discours du R. P. Hyacinthe, d'une nuée d'acclamations.

« Soudain, le son des cloches retentit de toutes parts, et les tambours battent un long roulement. C'est l'instant où vingt millions de bras s'élèvent pour cimenter le pacte le plus solennel que la terre étonnée ait jamais vu.

« Le silence le plus profond succède tout-à-coup aux roulements des tambours, et M. le maire, monté à l'autel, prononce la formule du serment dans ces termes :

« Nous jurons tous d'obéir à la nation, à la loi et au roi, de maintenir de tout notre pouvoir la Constitution du royaume, d'être unis inséparablement à tous les Français, de nous aimer toujours et de nous secourir, en cas de nécessité, d'un bout du royaume à l'autre. »

« Toute l'assemblée, hommes, femmes, et enfants, les bras levés vers le ciel, répondent : Je le jure.

« Le soir, la ville et les faubourgs furent illuminés, conformément aux prescriptions de l'autorité, et la fête se termina par une pyramide de feu enlevée dans les airs (*). »

Il n'existe entre les mortels, avait dit le P. Hyacinthe, d'autre distinction sérieuse que la distinction du mérite personnel ; la naissance, la fortune, les emplois publics ne font rien pour élever un homme, s'il ne se distingue lui-même par sa capacité, ses services et sa vertu. Cette pensée est l'une des idées capitales sur lesquelles repose la société moderne. On lui objecte qu'il existe au-dessus de tous, même au-dessus de la souveraineté, et en faveur de tous, des droits qu'on ne saurait ni retirer, ni mépriser, ni prescrire, et qui non seulement sont protégés par la force idéale de la nature et de la religion, mais encore par la force sociale des lois, des mœurs et de l'opinion publique. Vouloir isoler l'homme dans l'ordre de la gloire, tandis qu'il ne se trouve isolé ni par le sang qui se transmet, ni par la fortune qui se lègue également, ni par la mémoire, qui le rattache invinciblement à ce qui l'a précédé, c'est, disent

(*) Archives de l'Hôtel-de-Ville de Gerbéviller.

les adversaires du mérite personnel, violer l'instinct le plus fort de la nature, c'est attaquer l'esprit de famille et de tradition, et ne faire plus de l'humanité qu'un tourbillon de poussière sans lien et sans nom.

Ces questions délicates sont de chaque jour. On les retrouve dans les luttes des nations et des communes, comme dans les plus mesquines rivalités des individus entre eux. Aussi, peu désireux de froisser certaines susceptibilités, certaines prétentions à la primauté, déposons-nous notre plume à la fin de ce chapitre. Nous pensons qu'un historien qui, aujourd'hui surtout, voudrait apprécier avec une loyale impartialité, les actes de ses contemporains, pourrait se dire avec raison, comme le bon Lafontaine : « Je suis au milieu des hommes enfiévrés de l'esprit de parti, ainsi que la perdrix au milieu des coqs furieux. » Or, cette position n'étant rien moins que flatteuse, nous lui avons préféré le silence. Si donc nous perdons le mérite d'historien de notre siècle, nous avons au moins la satisfaction d'obéir à une pensée intime qui nous commande la plus complète neutralité en présence de la diversité des opinions et des espérances. En nous abstenant de louer ou de blâmer les hommes de notre époque, nous jouissons, en outre, de ce doux contentement qui s'attache aux efforts conçus dans le but de préparer, avec le retour des bonnes relations, celui du calme et de la prospérité.

LISTE

PAR ORDRE ALPHABÉTIQUE DE MM. LES SOUSCRIPTEURS

A LA NOTICE HISTORIQUE

DE LA VILLE DE GERBÉVILLER.

	nombre d'exemplaires.
ADAM (Abel), de Gerbéviller.	1
ANTOINE (Jules), élève au Pensionnat Saint-Pierre.	1
BAILLARD (Constant), boulanger, à Gerbéviller.	1
BAILLY (Louis), propriétaire, à Remenoville.	1
BARBIER (Marguerite), couturière, à Gerbéviller.	1
BEAULIEU, membre de la Société des antiquaires de France, à Paris.	2
BERNARD (Auguste), de Gerbéviller, ancien élève du pensionnat Saint-Pierre.	1
BERNARD (Tiburce), secrétaire de la mairie de Gerbéviller.	1

BOQUEL (l'abbé), curé, à Einvaux. 1

BOUF (Nicolas), ferblantier, à Gerbéviller. 1

BOULANGER, avocat, à Gerbéviller. 1

BRAULOT, vérificateur des poids et mesures, à Lunéville. 1

CHAMPOUILLON (l'abbé), curé de Gerbéviller. 2

CHARDON, ancien receveur de l'enregistrement, propriétaire, à la Tour-Nanquin (Côtes-du-Nord). 2

CHARDOT, instituteur, à Seranville. 1

CHÉRY (l'abbé), curé de Bellange. 1

CHEVANDIER (Eugène), propriétaire, à Cirey. 1

CHOUX (Auguste), membre du conseil municipal de Gerbéviller. 1

CHRISTOPHE, ancien maire, membre du conseil d'arrondissement, à Gerbéviller. 1

CHRISTOPHE, lithographe, à Nancy. 1

COËTLOSQUET (Charles du), représentant du peuple, à Paris. 2

COLLESSON (Félix), intendant de M. le marquis de Lambertye, à Gerbéviller. 2

CONSONOVE, commandant en retraite, chevalier de la Légion-d'Honneur, à Gerbéviller. 2

CONTAL, coutelier, à Gerbéviller. 1

COURTEAU (Thérèse), institutrice, à Rozelieures. 1

CREUSAT, agent-voyer, à Gerbéviller. 1

DÉBLACHE (fils), propriétaire, à Gerbéviller. 1

DEMANGE (H.), négociant, ancien maire de Gerbéviller. 1

DIDILLON, ancien percepteur, à Chanteheux. 1

DOLINSCKY (Elisa), directrice des postes, à Gerbéviller. 1

DUMAST (Guerrier de), ancien sous-intendant militaire, à Nancy. 1

EVRARD (l'abbé), curé, à Girolles (Yonne). 2

FABVIER (le général), représentant du peuple, à Paris. 1

FERRY (Amélie), rentière, à Gerbéviller. 1

FERRY (Charles), élève au pensionnat de Gerbéviller. 1

FERRY (Edouard), avocat, à Saint-Dié. 1

FERRY (Eugène), ancien représentant du peuple, propriétaire, à Merviller. 2

FERRY (Mathias), notaire, à Gerbéviller. 1

FOBLANT (Maurice de), représentant du peuple, à Paris. 2

FROMENT père, propriétaire, à Gerbéviller. 1

GAILLOT, notaire, à Gerbéviller. 1

GALLAND, greffier de la justice de paix, à Gerbéviller. 1

GALLAND (Joseph), de Gerbéviller. 1

GATÉ, propriétaire, à Gerbéviller. 1

GAUTHIER (Pierre-Joseph), de Gerbéviller. 1

GÉNIN (Amédée), sous-préfet de Lunéville. 4

GÉRARDOT (Marguerite), de Gerbéviller. 2

GÉRARDOT (Joseph), rentier, à Gerbéviller. 2

GODFROY (l'abbé), professeur d'éloquence sacrée au séminaire de Nancy. 2

GOUY (Jules de), propriétaire, à Nancy. 2

GRIDEL (l'abbé), vicaire général du diocèse. 2

GUERRIER DE DUMAST (P.), à Nancy. 1

GUILLAUME (l'abbé), chanoine honoraire, aumônier de la chapelle ducale. 1

GUILLAUME (Auguste), maréchal-ferrant, à Gerbéviller. 1

GUILLEMIN (Achille), propriétaire, à Bulligny. 1

GUYON (Edouard), élève au pensionnat de Gerbéviller. 1

HAMELIN (fils), de Lunéville. 2

HANNEZO, substitut du procureur de la République, à Lunéville. 1

HAUSSONVILLE (O. d'), ancien député, à Paris. 1

HENRY (les demoiselles), propriétaires, à Vallois. 1

HENRY (Planté, fils aîné), tanneur, à Gerbéviller. 1

HÉRIQUE (J.-N.), cultivateur, à Gerbéviller. 1

HINGRAY, ancien représentant du peuple, libraire, à Paris. 2

JACQUET (Jean), rentier, à Gerbéviller. 1

JACQUOT, juge de paix, à Gerbéviller. 2

JACQUOT (Nicolas), de Gerbéviller. 1

JANDEL, ancien ingénieur des ponts et chaussées, à Nancy. 1

JEANMAIRE (l'abbé), curé de Bainville-aux-Miroirs. 1

JEANMAIRE (Victor), propriétaire, à Gerbéviller. 1

JOUFFROY (de), receveur de l'enregistrement, à Gerbéviller. 1

LABREVOIT, docteur médecin, à Gerbéviller. 2

LAURENT (Isidore), propriétaire, à Gerbéviller. 1

LE FEBVRE DE LA FORÊT, agent voyer de 1re classe, à Nancy. 1

LE FEBVRE (de Tumejus), maire de Bulligny. 1

LEPAGE (Henri), archiviste du département. 1

L'ESPÉE (Casimir de), ancien député, à Paris. 4

L'ESPÉE (Marcien de), à Paris. 2

LEROI (Joseph), charpentier, membre du conseil municipal de Gerbéviller. 1

LIÉGER, docteur médecin, à Rambervillier. 1

LOTZ, docteur médecin, à Gerbéviller. 5

LOUIS (Jean-Baptiste, Vicaire), serrurier, à Gerbéviller. 1

MAGDELEINE, Sœur supérieure de l'hospice de Gerbéviller. 1

MALDÉMÉ, notaire, à Lunéville. 1

MALHORTYE, propriétaire, à Moriviller, ancien membre du conseil d'arrondissement. 1

MANGIN, ancien membre du conseil général, à Lunéville. 2

MANGIN (Dominique), propriétaire, à Gerbéviller. 1

MANGIN (Joseph), bonnetier à Gerbéviller. 1

MANSUY, instituteur, à Remenoville. 1

MARCEL, notaire, à Gerbéviller, ancien membre du conseil général. 4

MARCHAL (Joseph), maitre d'étude au Pensionnat de Gerbéviller. 1

MARTIN (l'abbé), vicaire, à Gerbéviller. 2

MARTIN, adjoint au maire de Montreux. 1

MARTIN (Arthur), professeur, au Pensionnat Saint-Pierre de Gerbéviller. 1

MATHIEU-BENTZ, adjoint au maire de Gerbéviller. 2

METTANNER (Sophie), de Gerbéviller. 1

METZ-NOBLAT (de), père, ancien conseiller à la cour de Nancy. 2

MICARD (l'abbé), vicaire général honoraire, supérieur du séminaire de Saint-Dié. 2

MIQUEL (Joseph), propriétaire, à Gerbéviller. 1

MONIN (Jean-Baptiste), aubergiste, à Gerbéviller. 1

MONIN (Eugène), élève au pensionnat de Gerbéviller. 1

MONTALEMBERT (le comte Charles de), représentant du peuple, à Paris. 1

MOTTIN (Prosper), élève au Pensionnat Saint-Pierre. 1

MUNIER (Jules), propriétaire, à Gerbéviller. 1

NOEL, avocat, notaire honoraire, à Nancy. 1

NOEL (Alfred), brasseur, à Gerbéviller, membre du conseil municipal. 2

NOEL (Nicolas), aubergiste, à Gerbéviller. 2

OPTEL (Dominique), propriétaire, à Gerbéviller. 1

PERRIN (l'abbé), curé de Rehainviller. 1

PERRONNIER (Joseph fils), de Gerbéviller. 1

PFISTER, garde-général de M. le marquis de Gerbéviller. 1

PFISTER (Jacques), rentier, à Gerbéviller. 2

PLEURRE (de), propriétaire, à Lunéville. 1

PIROUX, directeur de l'institut des sourds-muets, à Nancy. 1

POIREL (l'abbé), curé de Moyen. 1

POIRINE (l'abbé), curé de Sexey-aux-Forges. 1

RAVINEL (de), représentant du peuple, à Villé près Rambervillers. 2

RAVOLD (Catherine), de Bliesbrucken (Moselle). 1

RAVOLD (Jn-Bte), ancien professeur. 2

REINSTADLER (Jacques), marchand de bois, à Lunéville. 1

REMOVILLE (C.-C.), jardinier, à Charmes-sur-Moselle. 1

RENARD, (l'abbé), curé de Lunéville. 1

RICHARD, propriétaire, à Lunéville. 1

RIVAT (Mme veuve), propriétaire, à Fraimbois. 1

ROCH, vannier, à Gerbéviller. 1

ROCHEFORT (Charles), jardinier, à Gerbéviller. 1

ROCHEFORT (François), propriétaire, à Gerbéviller. 1

SAINT-GERMAIN (Charles de), propriétaire, à Nancy. 1

SAUNIER (l'abbé), curé de Charmes-la-Côte. 1

SÉCHEHAYE (Eugène), négociant, à Gerbéviller. 1

SIMONIN (père), docteur en médecine, à Nancy. 1

SIVRY (E. P. de), propriétaire, à Remicourt-Villers-lès-Nancy. 1

STAËL (de), percepteur, à Gerbéviller. 1

THIÉBERT, architecte, à Nancy. 1

THIRION, pharmacien, à Ramberviller. 1

THOMAS (Auguste), élève au pensionnat de Gerbéviller. 1

VAGNER, gérant de l'*Espérance*, Courrier de Nancy. 1

VATRY (de), représentant du peuple. 10

VAUTRIN (Charles), propriétaire, à Gerbéviller. 1

VÉLIN (père), rentier, à Gerbéviller, membre du conseil municipal. 2

VÉLIN (fils aîné), négociant, à Gerbéviller. 1

VERDELET, clerc de notaire, à Gerbéviller. 1

VILLAUME (Jean-Pierre), cultivateur, à Gerbéviller. 1

VILLAUME (François dit Xaille), propriétaire, à Gerbéviller. 1

WENTZ (Auguste), propriétaire, à Gerbéviller. 1

TABLE

DES MATIÈRES.

ritoires de Gerbéviller et d'Haudonville. Le *Te Deum* de 89. Etat des biens possédés par les ecclésiastiques sur le territoire de Gerbéviller. Fête patriotique du 14 juillet 1790. Conclusion.

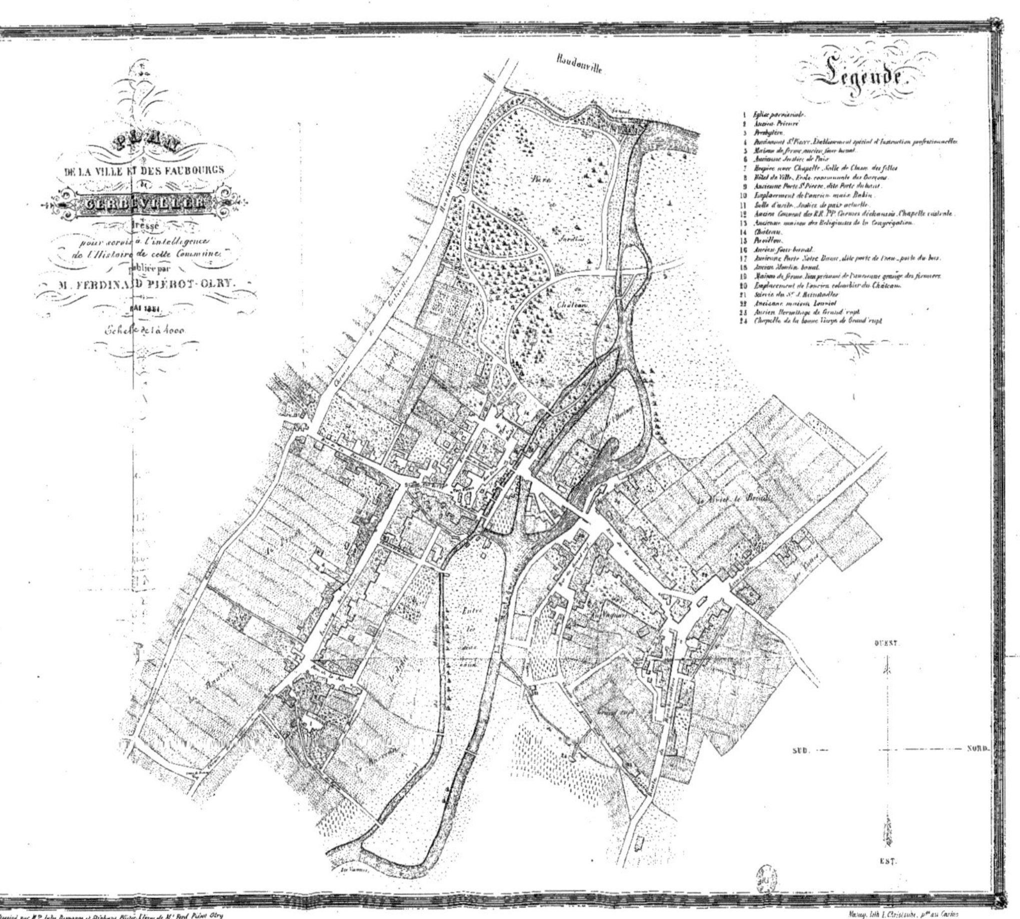

PLAN
DE LA VILLE ET DES FAUBOURGS
de
GERBÉVILLER
dressé
pour servir à l'intelligence
de l'Histoire de cette Commune
publiée par
M. FERDINAND PIÉROT-OLRY.
MAI 1851
Echelle de 1 à 4000
Légende.
1 Eglise paroissiale.
2 Ancien Prieuré
3 Presbytère.
4 Pensionnat St Pierre. Etablissement spécial d'instruction professionnelle.
5 Maison de ferme, ancien four banal.
6 Ancienne Justice de Paix
7 Hospice avec Chapelle. Salle de Classe des filles
8 Hôtel de Ville. Ecole communale des Garçons.
9 Ancienne Porte St Pierre, dite Porte du haut.
10 Emplacement de l'ancien
11 Salle d'asile. Justice de paix actuelle.
12 Ancien Couvent des RR. PP. Carmes déchaussés. Chapelle existante.
13 Ancienne maison des Religieuses de la Congrégation.
14 Château.
15 Pavillon.
16 Ancien four banal.
17 Ancienne Porte Notre Dame, dite porte de l'eau, porte du bas.
18 Ancien Moulin banal.
19 Maison de ferme
20 Emplacement de l'ancien colombier du Château.
21 Scierie du Sr
22 Ancienne maison
23 Ancien Hermitage de Grand'rupt
24 Chapelle de la bonne Vierge de Grand'rupt
Haudonville
Parc
Jardins
Château
OUEST
SUD
NORD
EST

www.ingramcontent.com/pod-product-compliance
Ingram Content Group UK Ltd.
Pitfield, Milton Keynes, MK11 3LW, UK
UKHW020214250726
13967UKWH00003B/1455